看圖讀懂

結構力學

図解 一番やさしい構造力学

高木任之 ——— 著
國立臺灣大學工程科學及
海洋工程學系榮譽教授
林輝政 ——— 審訂

陳銘博 ——— 譯

※本書原名《圖解超簡單結構力學》，現易名為《看圖讀
　懂結構力學》

前言

　　結構力學是對於建造安全的建築物等結構物，一門非常有用的重要學問。然而，在學習力學時，一般人卻有種兩極化的現象，造成上手的人和不上手的人兩者出現很大的學習差距。其實結構力學並不那麼困難，但為什麼卻有這樣的結果呢？

　　原因就在於初學結構力學的「入門學習」上面。只要學生能夠順利度過入門階段，接下來就能順暢地繼續深入學習。但若是一開始就受到挫折，人們容易因為產生「太複雜」、「搞不懂」的想法，而漸漸地對結構力學敬而遠之了。

　　在力學裡，有兩個力學專用的特殊用語（觀念）——向量和力矩，熟悉這兩者就是構造力學入門的第一步。

　　因此，儘管您可能會有些不耐煩，但本書還是必須針對向量和力矩徹底說明。為此，書中設計了豐富的計算例題，並且加強圖解，能經由視覺加深理解。

　　從基礎開始，以簡潔有力的解說方式一直持續到下一階段，詳細的說明，讓您不需在消化不良的狀態追趕進度，可以依照自己的步調一步步學習。

　　本書的另一個目的，是希望結構力學不應單純只是一門系統化學習的學問，而是能夠立刻派上用場的社會實用科學。

　　例如桁架的計算，學術上雖然也有以使用三角函數的數學式進行分析的方法，但在建築實務上一般是以克里蒙納圖解法（クレモナ図解法，Cremona graphical solution）來分析。也就是說，只要用量尺來測量製圖版上的箭頭長度就能求得解。

　　此外，本書中也積極地將結構力學和日本《建築基準法》中的

結構規定關係做連結，期許能夠有助於建築設計上的實際應用。（註：日本《建築基準法》相當於我國的《建築法》。）

在日本《建築基準法》中，規定申請之建築物必須為「經結構計算而確保為安全者」。這是什麼意思呢？建築物的設計步驟，大多是先參考許多建築物的結構設計和施工案例，接著製作設計草案，然後再進行結構計算，以確認設計草案究竟是好還是不好。（如果計算結果顯示無法確保其安全性，便需修改設計草案，然後重新進行結構計算。）

結構構件的選用，無論是木材還是鋼骨、鋼筋，由於市面上已有標準品，所以都會從標準品中選擇。以木造柱為例，設計時先選用截面積為10.5cm平方、12cm平方等市面標準品，然後再經計算來追認其安全性，這樣的過程就是結構計算在實務上的作法。在計算之後有時會發現必須使用11cm平方的木材，但由於11cm角柱的木材並非標準品，市面上沒有販售，因此針對11cm平方進行計算就不具意義。

又例如，若鋼筋必須要有3.5條，使用四條則較為保險，使用三條則不足。

如上所述，本書並非只是及於理論，也考量到了實用性，讓讀者能夠透過本書而具備確認小型住宅規模建築物安全性的能力。

期待本書能為大眾所活用。

高木任之

前言

Part 0

力學裡用的單位有哪些？

Part 1

力的基本性質

Part 2

什麼是外力‧內力‧反力？

Part 3

構件所產生的應力

Part 4

桁架的原理與解題法

Part 5

如何設計構件的尺寸(截面)?

Part 6

如何設計壁量

索引

Part

0

力學裡用的單位有哪些？

0.1

單位的基礎來自於地球

測量事物，必須先制定單位。日本過去所使用的「尺貫法」，是以人類的身體和生活（一個人一天所需的飲食等）為基礎而制定的。歐美的英制單位也很類似。制定單位的基礎存在於生活中，在現實中人們使用就會很方便。如美國至今仍在使用英制單位，而日本在計算面積時，常常將面積換算成「坪」的單位（≒3.3m^2）。

現在國際上採用的是公制的度量衡系統。

長度的基本單位是公尺（m）。1公尺的長度，是先定義地球赤道到北極的距離為10,000km，而其一千萬之一就是1公尺。然後則以此長度為基礎，製作「標準公尺原器」，再以這個標準工具作為單位的原始長度。

◘ 以地球為基礎，制定出各種單位

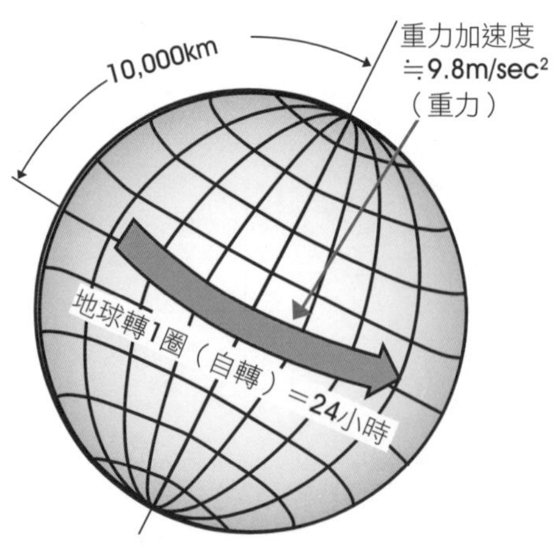
10,000km
重力加速度
≒9.8m/sec²
（重力）
地球轉1圈（自轉）＝24小時

此外，**時間的單位**是以地球自轉一圈為24小時分割出來的。（1小時＝60分鐘，1分鐘＝60秒，採60進位制）

至於**重量的單位**又是怎樣的情形呢？重量的單位，則是以地球引力（重力）為基礎。

0.2

重量的單位是不固定的

　　重量使用「克重」（gw）作為單位。我們將1cc的水（4℃）在地球表面的重量，定義為1克重。在地球上，地球引力（又稱為重力）幾乎可視為固定不變的，所以才拿來作為單位。但嚴格來說，重力在地球各地還是會有不同的變化。

　　先將地球各地重力不同的問題放在一旁，我們來看重量，近年來出現了令人困惑的問題。由於太空工程技術的發展，人類已經能夠航向宇宙，而在太空船裡是無重力的空間。也就是說，任何東西原本在地球上的重量，到了太空中會通通變成零。

❖ 太空船中是無重力狀態

無重力

　　當太空船從基地發射出去時，會產生約為5G（5倍重力）的加速度，也就是說，此時太空船上物體的重量會變成原來的5倍。

　　此時，以地球重力為基礎的重量單位，在這種情況下就無法適用。這就好像是用磅秤來量重量，重量會因磅秤的位置（測量的方法）而量得不同的值，令人困擾。

0.3

從重量單位轉換成質量單位（牛頓）

如果不能使用以重力為基礎的單位（克重），那該怎麼辦才好呢？答案就是，轉換成以質量為基礎的單位，因質量（體積×密度）到了太空中也不會改變。

因此，日本建築自1999年10月起便全面使用質量系統的單位（牛頓N）。換算成牛頓需用到下面的值，

地球的重力加速度＝9.8m/s²

利用這值，至今所使用的1kgw即為9.8N（牛頓），數值的變化大約接近原來的10倍（這個質量系統的單位，屬於國際單位，即SI單位）。

一個體重60kgw的人，以質量單位換算約為600N，如果仔細計算，應該是60×9.8＝588N。為了計算方便，可以先乘10倍之後再減去2%。

◘ 體重60kgw的人
換算成牛頓，是588牛頓

60kg
＝588N

然而在力學上，力的單位用的是kgf（公斤力），這個力的大小恰好是支撐1公斤重量時所需的力，因此可以看出是來自於地球的重力。現在我們再來變換成新的質量單位。

以下是將公斤（kg）轉換成牛頓的單位來表示。一噸（ton）等於1000kg，所以稱為千牛頓（kN）。

1kgw＝9.8N（牛頓）
1tw＝9.8kN（千牛頓）

本書即使用N和kN。

0.4

壓力・應力的單位是帕（Pa）

　　一旦我們將力的單位變更為牛頓（N），那麼單位面積的力，亦即壓力和應力等的單位，也必須隨之變換。

　　由於牛頓屬於國際公制單位，所以單位面積的力，單位為每平方公尺牛頓，亦即 N/m^2。這單位稱為帕斯卡（Pascal），簡稱為帕（Pa）。也就是：

　　　　1Pa（帕）＝1N/m²

　　然而在建築結構力學的領域裡，平方公尺這單位雖然適合用於裝載荷重，但對於材料強度而言，平方公尺是一個過大的單位面積。因此，在材料強度（容許應力度）中，會使用1平方公釐（ mm^2 ）。由於1m＝1,000mm，所以 $1m^2$ ＝1,000,000mm²。因此，

　　　　1N/mm²＝1,000,000Pa（＝1,000,000N/m²）

又，100萬是 10^6 ＝M（mega；百萬）。所以，上述值可表示成：

　　　　1N/mm²＝1MPa（百萬帕）

（＊在消防法規中，消防設備的水壓是以百萬帕表示。）

[力的單位]

力	N（牛頓）	kgf（公斤力）
	1	1.01972×10^{-1}
	9.80665	1

[應力的單位]

應力	Pa（帕）	MPa（百萬帕）
	1	1×10^{-6}
	1×10^6	1

＊[註]這種由質量導出的單位，也屬於「SI單位」。

$Pa = 1 N/m^2$
$MPa = 1 N/mm^2$

練習問題

📖 熟練SI單位

No.1
請以SI單位表示55kgw的重量。

【解說】

　　若改以SI單位表示，也就是用牛頓（N）來表示重量，數字約變為原來的10倍。55kgw會變成約550N，嚴格來說是變為9.8倍。

$$55\text{kg} \times 9.8 = 539\text{N}$$

No.2
地盤的耐力（承載重量的耐力）稱為「地耐力」。請將以30t/m²表示的地盤（密實的礫層）的地耐力改以SI單位表示。

【解說】

　　1t為9.8kN，變為約10倍就是

$$30\text{t/m}^2 \rightarrow 300\text{kN/m}^2$$

以9.8倍來計算為，

$$30\text{t/m}^2 \times 9.8 = 294 \text{ kN/m}^2$$

地盤的耐力原本就是取概略值，所以並不需要進行如此詳細的計算。在建築基準法（本書出現的法規皆指日本的法規）施行令第93條中，關於地盤耐力的記載，也是將30t/m²直接轉換為300kN/m²。

No.3
鐵的材料強度為2,400kg/cm²，請將之改為SI單位（N/mm²）表示。

◆解說◆

　　同時進行力的單位的變更（kg→N）和單位面積的單位的變更（cm²→mm²）時，請小心單位不要弄錯。

首先，先進行kg→N的換算，

因此會得到

$$1\text{kg} = 9.8\text{N}$$

因此 $2,400\text{kg} = 23,520\text{N}$

由於單位面積1cm²＝100mm²

經過換算，最後求得

$$2,400\text{kg/cm}^2 = 23,520\text{N/100mm}^2$$

$$235.2\text{N/mm}^2 \fallingdotseq 235\text{N/mm}^2$$

Part 1

力的基本性質

1.1

結構力學的特色在於「靜止」

　　所謂的結構力學，就是用來防止建築物等結構物發生倒塌、傾斜，確保其結構安全的力學。

　　最大的特色在於，結構物是呈現「**靜止**」的狀態。倒塌、傾斜本來就非結構物應有的姿態。雖然建築物裡一定會有門窗等可動部分，但門窗原本就屬於建築物的一部分，會動並非因為建築物毀壞。此外，設置在建築物裡的電梯和手扶梯等設備，雖然具有會動的部分，但並不能混為一談。

　　結構力學是以讓柱子、梁、屋頂、地板、牆壁等基本結構部分能夠處於靜止狀態，不會傾倒（不會移動）為目的之力學。

　　而腳踏車或飛機等以移動為目的之產品，對於力學有高度的要求，以滿足其性能與安全的考量。相較之下，靜止的結構物，所運用的力學就顯得不那麼困難。

雪等物的重量

風

地震

結構力學目的在於
所建造的建築物，對於
地震、風、雪等物的重
量，都不為所動。

1.2

「力」看不見，因此令人難以理解

　　雖然說結構物的力學較為容易，但事實上還是有許多人「對力學沒輒」，其中一個原因，應該是因為「力」是看不見的，所以讓人在學習時倍感困難。

　　建築所使用的木材，例如木板因有厚度、長度、寬度，不但可以看見外型，還能用尺量出尺寸，像這種眼睛能夠看到得的東西，就容易理解。

　　而即使是眼睛看不到的東西，例如，時光的流動（時間），有了時鐘裝置，每個人都同樣能夠理解。又例如溫度，我們並無法憑感覺來得知溫度，但只要使用溫度計，就能知道正確的溫度。

　　然而，「力」不只是看不見，也不存在時鐘或溫度計這種能夠以可見形式表示的裝置。於是人們將「力」視為一種無法掌握的東西，因此力學讓人覺得難懂。

長度
厚度
寬度
看得見的東西，容易測量

看不見的時間和溫度還能藉由測量儀器來理解

但是，「力」既看不到，也不容易測量。

1.3

重量也是一種力

在看不到的「力」之中，我們比較熟悉的是重量。相信每個人都量過自己的體重吧。重量是因地球引力（重力）而產生的一種力。因為重量能夠用體重計或磅秤測量，可以輕鬆比較物體的輕重程度，因此重量的觀念比較容易理解。

結構力學主要之目的，就是要確認構成結構物的柱子、梁、地板、屋頂等構件本身的重量（自重、固定荷重）、堆積在屋頂上的雪的重量（積雪荷重）、放置在地板上的家具及人的重量（裝載荷重）等是安全的重量，也就是說，結構力學的重點在於重量。明白這一點，讓人感覺鬆了一口氣。

重量是力之中比較容易理解的，這是有原因的。由於重量是因地球引力而產生，所以一定是朝著「垂直方向」作用，而不是水平方向。由於重量都是朝垂直方向作用，所以重量能夠進行加減。

一個體重60kg的人，若胖了2kg就會變成62kg。相反的，若瘦了1kg，就會變成60kg－1kg＝59kg。

「力」之中，重量最容易測量

重量能夠加減計算

60kg

60kg

2kg

62kg

60kg＋2kg＝62kg

1.4

力以箭頭表示

　　這裡產生了一個想法，就是「力」雖然看不見，但如果以箭頭來表示，可不可行呢？這是一個非常棒的想法。力學能有如此的發展，就是因為藉由眼睛看得見的箭頭，可以讓人容易理解眼睛看不見的「力」。

　　藉由使用箭頭，能夠讓人清楚知道力的作用位置。同時，箭頭還能夠表達力的指向（方向）。一個1.8N的力，只要在箭頭方向再標以文字1.8N，就能讓人知道力的大小。將箭頭的想法再進化，若是大的力，我們就將箭頭的線段畫得長，若是小的力，我們就將箭頭的線段畫得短，這樣一來又讓人更容易理解。如果讓箭頭的線段長度和力的大小成一定比例，就更能讓人正確理解。

　　請看下圖，眼睛看不到的「力」，以圖示表現出來，必須利用四個要素：①力的作用位置（作用點）、②力的作用方向（作用線）、③力的指向（作用線上的箭頭）、④力的大小（線段的長度）。

＊[註]力的作用點可省略不畫。

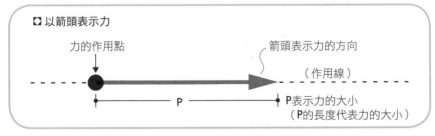

◘ 以箭頭表示力

力的作用點

箭頭表示力的方向

（作用線）

P

P表示力的大小
（P的長度代表力的大小）

1.5

力的特色（力矩・向量）

前一節提到的箭頭和線段，讓「力」能夠用圖示表示，化為看得到的形式，因而使得力學快速發展。因此，我們的學習也趕緊進入到下個階段吧。

初學力學的人，應先了解力學的兩種特性。這兩種特性包括①**力矩**（Moment）和②**力的向量**（Vector）。只要能夠好好地理解這兩個特性，就會知道力學一點也不可怕。

然而，如果在學習力學的過程中，對這兩個特性的理解若一直似懂非懂，就會漸漸搞不清楚前因後果，不久之後難免產生「不想學了」的想法。

聽到「力矩」和「向量」，並不需要害怕。雖然這兩個名詞平常的確很少聽到，但並沒有那麼困難。從下一節起，我們將會開始進行詳細的說明，請詳加閱讀理解。在Part1裡所要說明的「力的基本性質」，指的就是「力矩」和「力的向量」。

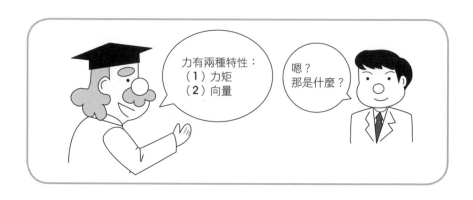

1.6

什麼是力矩？

　　力矩的英文是moment，從英文字典查到的意思包括①瞬間、②時期、③重要性、④契機等，但這些解釋似乎都無法傳達moment在力學領域裡的意義。在解釋較為詳細的科學字典中，是一種機械用語（力學用語），意思是「力距」。

　　從查字典的結果看來，在力學領域中並沒有簡短的解釋，可以讓人立刻理解什麼是「力距」。

　　力矩會因作用的位置，而產生我們想像不到的高效率作用，也會因作用的位置，而只有低效率的作用。例如，直徑大的車輪會比直徑小的車輪更容易轉動，這是因為車輪以車軸為中心而轉動時，力量施加在離車軸愈遠的位置（直徑大），比施加在靠近車軸的位置（直徑小），車輪更能輕鬆轉動。

　　力矩乃是力的大小與支點距離的乘積，因此，距離支點愈遠，力的效率會愈高。

高效率力的使用方法

(1) 用同樣大小的力氣轉動，
太靠近軸部，效率低

力矩小

(2) 用同樣大小的力氣轉動，
遠離軸部，效率高

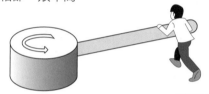

力矩大

汽車方向盤也一樣：

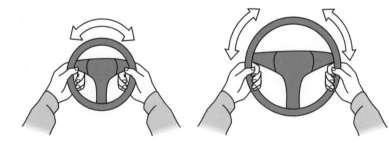

方向盤太小，難以駕駛
（力矩小，所以效率低）

方向盤大，容易駕駛
（力矩大，所以效率高）

1.7

槓桿原理也是
力矩的應用

　　想要直接移動沈重的物體，是一件非常困難的事，但只要使用槓桿，就能夠輕鬆進行，這是因為槓桿的原理來自於力矩的運用。

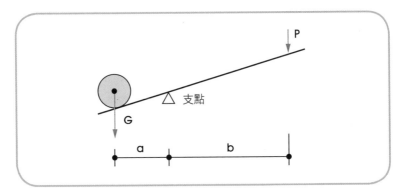

　　如上圖，只要使用槓桿，就能以力P將物體G抬起。其中，**支點到力（P）的距離（b）愈長，所需要的力（P）就愈小。**

　　在上圖的情形中，支點到物體重心的距離（a）與物體的重量（G）之乘積（G×a）為一力矩。而另一頭，將物體抬起的力（P），其與支點的距離為（b），故其力矩為（P×b）。此時，若必須讓兩邊的力矩相同，則只要使距離（b）愈長，力（P）就能夠愈小。

　　以數學式表現如下，

　　　　$G \times a = P \times b$

若將物體的重量和物體到支點的距離（a）固定，

式子可表示成，

$$P=\frac{(G \times a)}{b}=G \times \frac{a}{b}$$

即距離（b）愈長，力（P）就能夠愈小。

　　如上所述，力的作用位置會關係到作用效率的高低，這點請務必記住。

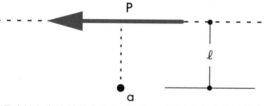

❏ 力矩的定義

力矩＝P× ℓ

P＝作用的力
ℓ＝任意點（a）至P的作用線的距離

P

ℓ

a

*順時針方向旋轉的力矩為「正」，逆時針方向旋轉的力矩為「負」。
　上圖的力矩為「負」。

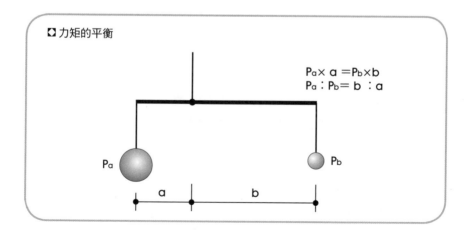

❏ 力矩的平衡

$P_a \times a = P_b \times b$
$P_a : P_b = b : a$

P_a

P_b

a

b

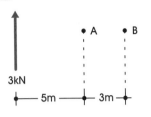

有一3kN的力，求此力以A點和B點為支點所產生的力矩。

〈答案〉
- A點
  3kN×5m＝15kN・m
- B點
  3kN×（5m＋3m）＝24kN・m

【解説】

　　這題並沒有什麼困難之處，只要將力的大小乘上與各點的垂直距離就能求出答案。

　　此題中，所產生的旋轉方向是順時針方向，所以力矩是正值。

　　單位為kN（千牛頓）與m（公尺）的乘積，即kN・m（千牛頓・公尺）。

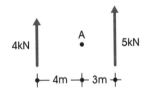

如左圖，分別有4kN及5kN兩力，求兩力對A點產生的力矩和。

〈答案〉
　　4kN×4m－5kN×3m
　　＝16kNm－15kNm
　　＝1kNm

【解説】

　　4kN產生的力矩為正值，而5kN產生的力矩則因為是逆時針旋轉，所以為負值。故兩者之和為1kNm。

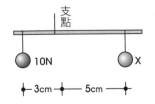

如左圖，若兩重錘呈平衡狀態，則右邊應使用多少重量的重錘？

〈答案〉
　　以支點為中心，左右兩邊的力（重量）的力矩相等，故

$$10N \times 3cm = X \times 5cm$$
$$X = 30Ncm/5cm = 6N$$

參考 力矩和三角形面積的相似處

對A點產生的力矩，以力的大小P與至A點的垂直距離 ℓ 之乘積來表示。

亦即M＝P・ℓ，相當於邊長為P和 ℓ 的四邊形的面積，也相當於底邊長為P、高為 ℓ 的三角形面積的2倍。

因此，當設定有力P與支點A時，可試著畫出一個從A點分別連接力的前端與尾端而成的三角形。

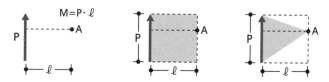

這三角形的面積會和力矩的大小成正比（三角形的面積的2倍為力矩的大小）。

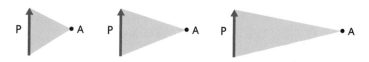

P於同一作用線上移動時，只要與A點間的垂直距離 ℓ 保持相等，其乘積（P×ℓ）的大小、即力矩的大小就不會改變（＊由P與A點形成的三角形面積為（$\frac{1}{2}$Pℓ）。

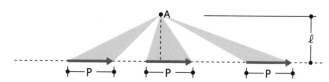

此外，若P保持相等但與A點間的垂直距離變大，則三角形面積也會變大（＊力矩也會變大）。

1.8

純量與向量

　　能夠像金錢一樣進行加減計算的，稱為**純量**（scalar）。例如，手上有10,000元，若再加上2,000元，便能夠計算出總和為10,000元＋2,000元＝12,000元。又如，如果有10,000元，花掉了7,000元，剩下則是3,000元。

　　在我們周遭的日常環境裡，所接觸到的幾乎都是這種純量，無論是長度、溫度、時間、重量等等，都能夠進行加減計算。我們的生活中充滿了計算，所以要理解純量應該並不困難。

　　相對於純量，力則是擁有**向量**（vector）的性質。向量究竟是什麼呢？向量的特性在於「**具有方向性**」，這是力最大的特性。由於力具有方向性，所以不同方向的力就不能像純量般進行加減計算。

　　假設現在遇到了汽車引擎熄火的狀況，「請幫我推車！」這時你希望別人能夠從後方幫你推車。如果這時別人是從側面推車，只是白費力氣，怎麼推也不會前進。可見由於力具有方向，因此對於不同方向的力，就不能僅僅只是單純地將力的大小相加。

　　若是相同方向的力（嚴格來說是「**同一作用線上的力**」），才能夠直接進行加減計算。反過來說，能夠直接進行加減計算的力，就表示位於同一作用線上。

◘ 純量

1,000日圓＋2,000日圓＝3,000日圓

純量能夠用計算機計算

◘ 向量

力是一種向量，所以方向很重要

對於引擎熄火的車
從側面推沒有意義，
再怎麼推也沒用！

向量無法直接進行加減

不同方向的G與P
無法單純地相加

P（側向的力）

G（重量）

1.9

向量能夠合成和分解

　　由於力是向量，所以除了位於同一作用線上的力之外，都不能直接進行加減計算。但向量能夠利用其他方法將兩個力結合為一個（稱為「力的合成」），或者將一個力分解成兩個（叫做「力的分解」）。

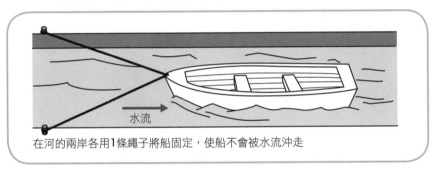

水流

在河的兩岸各用1條繩子將船固定，使船不會被水流沖走

　　如上圖，從河的兩岸各拉了一條繩子，和浮在河中央的船連接。繩子阻止船被水流沖走，方向明顯地與水流方向不同。

　　在這種情況下，我們可以說，兩條繩子合成的力，和水流沖走船的力，達到了平衡。

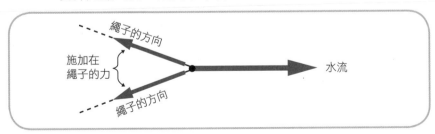

繩子的方向

施加在
繩子的力

水流

繩子的方向

1.10

力的合成
畫出平行四邊形

　　如前頁所述，不同方向的兩個力可以合成為一個力，和水流達成平衡。那麼，要怎麼做才能將兩個力合為一個力呢？這個方法就是畫出平行四邊形，用平行四邊形就能求出合成的力。

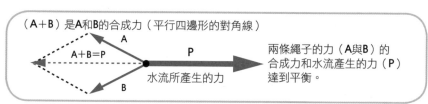

（A＋B）是A和B的合成力（平行四邊形的對角線）

A＋B＝P

P

水流所產生的力

兩條繩子的力（A與B）的合成力和水流產生的力（P）達到平衡。

　　不同方向的力，其作用線一定會在某處相交。只要力是位在作用線上，就算力的位置移動，作用也不會改變。因此，我們讓這些力的作用點，移動到作用線的交點。

　　此時，分別從A與B二力的前端畫平行線，就能畫出一個平行四邊形，而平行四邊形的對角線，就是A與B二力所合成之力（稱為合力）。

　　如上述，向量雖然無法直接加減計算，但藉由**畫出平行四邊形，就能求得合成力的大小與方向。**

＊[註]雖然合力也能夠經由計算而求得，但計算過程複雜。利用作圖的方法可輕鬆得到合力的大小和方向，不需計算的麻煩，因此用畫出平行四邊形的方法來求合力，輕鬆多了。

下頁列舉出一些向量（力）的合成例子。

[例子：力的合成]

　　兩個10N的力，只要力的方向不同，合力的大小・方向就會不同（合力的大小可從圖形中量得）。

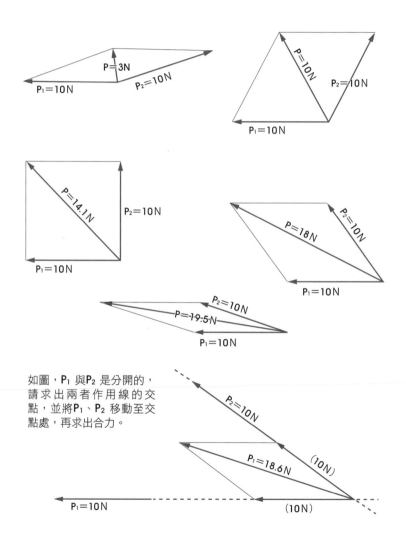

如圖，P₁ 與P₂ 是分開的，請求出兩者作用線的交點，並將P₁、P₂ 移動至交點處，再求出合力。

1.11

力的分解
畫出平行四邊形

　　我們已經知道，不同方向的兩個力，可利用畫出平行四邊形，合成為一個力。只要運用這個原理，同樣也可以將一個力**分解**成兩個力。分解出來的力稱為**分力**。

　　但這裡有一件事必須注意。那就是在作力的合成、求合力時，合成後所得的合力只會有一個。

　　而要將一個力分解成兩個力時（求分力），可以有好幾種分解法。做力的分解時，至少要先指出分解出的力（分力）的方向。「求將一個力分解成A方向和B方向時，各分力的大小」，就像這樣，出題時指出明確的方向。只要指明二力的方向，就能利用平行四邊形的圖形，求得分力的大小（這是理所當然的，因為將分力合成就會是原本的力）。

　　下頁將列舉出各種力的分解之例。

◘ 將力P分解為水平力P₁與垂直力P₂

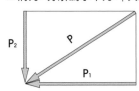

要將力P分解為水平方向與垂直方向的力，從P的前端和尾端往水平方向與垂直方向畫線，構成平行四邊形。

> 斜向的力（P）也能夠分解為水平方向的分力P₁與垂直方向的分力P₂。
> （＊這是結構力學中常用的方法）

[例子：力的分解]

　　1個10N的力，只要分解方向不同，分力的大小就會產生不同的值（分力的大小可從圖形中量得）。

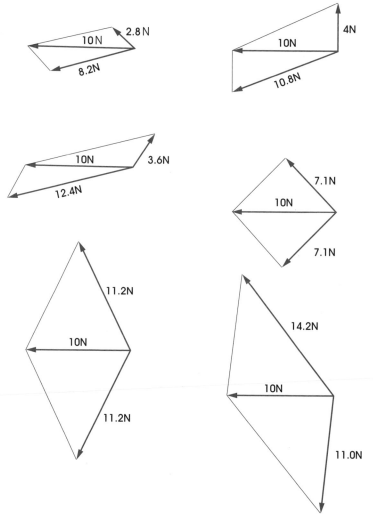

　　雖然力的大小相同（10N），但分力方向不同，就可求得多種分力。

1.12

將平行四邊形置換成三角形的「力線圖」

　　在這一節中，為了理解如何利用平行四邊形進行力的合成與分解，我們來練習將平行形四邊形畫成**三角形**。

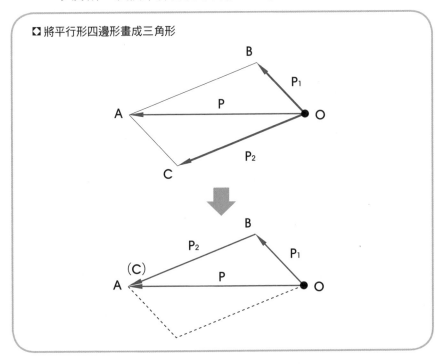

◘ 將平行形四邊形畫成三角形

　　如上圖，將P_1與P_2 2個力合成，能夠獲得合力P。上圖同樣也可以反過來代表將P分解成P_1與P_2。

　　由於是平行四邊形，所以我們可以知道$P_2 = (\overline{OC})$的大小和方向會和平行四邊形中互為平行的另一邊$=(\overline{BA})$相同。接著將P_2的位置平行地移動到BA的位置。移動後就

會形成第34頁圖下方的**三角形**。

在平形四邊形中，相對向邊互為平行且等長，因此**無論是什麼形狀的平行四邊形，都可以置換成三角形**。

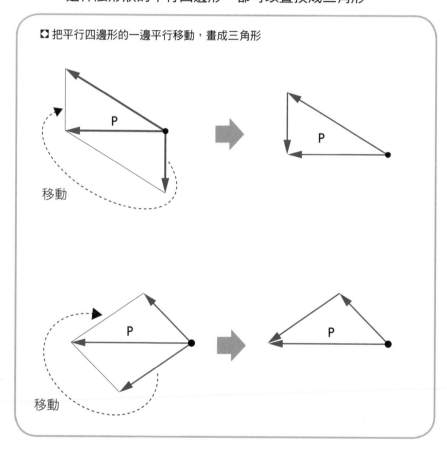

❏ 把平行四邊形的一邊平行移動，畫成三角形

移動

移動

在上圖中，可以看出三角形的各邊是合力或分力，我們把這種圖形稱為「**力線圖**」。

1.13

力線圖就是力走過的路線圖

關於力線圖，可以像下面這樣思考，會比較簡單。

第一種走法是，力P從O點出發後，朝A點直線前進。另一種走法則是繞到B點，然後才到達目的地A點，經過P_1到達B點，再經過P_2到達A點。力的方向則和路徑的行進方向一致。

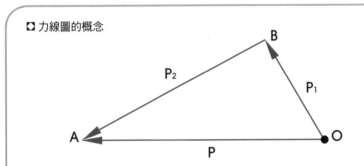

◘ 力線圖的概念

從O點直線前進A點？還是先繞到B點，再前往A點？
──最終目的地相同。
亦即，力P具有和（P_1＋P_2）一樣的效果。

總而言之，這兩種走法的差別在於，**一個是直接前進，一個則是繞道而行**。就結果而言，兩種走法都能到達目的地，所以效果是相同的，這就是向量的觀念。兩段的繞路（P_1、P_2）相當於分力。

意即，若設定兩個力$\overline{OB}$與$\overline{BA}$，必能求出1個合力（$\overline{OA}$）。

另外，在分解（$\overline{OA}$）這個力時，如果要繞路，可以有 B_1、B_2、B_3 等各種繞路的選擇，所以必須先指出B點的位置（方向和大小）。

◘ 即使繞路，最後還是會到達同一個目的地

許多方法（路徑）都能夠從O到達A，
但無論是從B_1繞、從B_2繞、還是從B_3繞，
最終的目的地都是相同的。

1.14

合成多個力·
分解成多個力

　　力的合成與分解，並非只有兩個力合成為一個力，或是一個力分解成兩個力這兩種情形，當然也會有合成兩個以上的力和分解成兩個以上的力的情形。

　　那麼，這時又應該怎麼做呢？答案就是，即使要合成的力再多，只要先把兩兩合成為一個，然後再循序合成，這樣就可以了。只要不斷重複進行這個步驟，最後一定能將所有力合成為一個。

　　而要將一個力分解成多力時，也是運用同樣的概念，先將一個力分解成兩個，然後將分解出來的分力再依序分解，就能分解成所要求的力。

〔合成3個力·分解成3個力〕

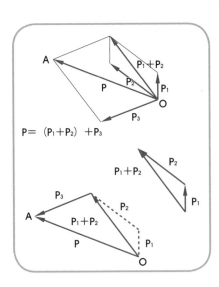

$P= (P_1+P_2) +P_3$

　　左圖上方有P_1、P_2及P_3三個力，要將這三者合成為一個力，首先運用平行四邊形法求出P_1和P_2的合力（P_1+P_2），接著再度運用平行四邊形法求出P_3與（P_1+P_2）的合力P即可。

　　從左圖下方的力線圖來看，在力線圖中顯示從O點出發，依序經過P_1、P_2、P_3到達目的地A。就算是選擇走P_1+P_2再接P_3的路徑，也一樣能夠到達最終目的地A。

1.15

平行的力
如何合成與分解？

　　力是一種向量，所以能夠利用前幾節所說明的平行四邊形法，進行力的合成和分解。然而，有時還是有一些例外的情形存在。當力位在同一條作用線上時，以及作用線是平行的時候，在這兩種情況下，作用線並不會交叉，所以無法畫出平形四邊形。

　　但是，位於同一作用線上的力，則可直接進行加減計算，求出合力。

　　在上圖例中，可由4N－2N＝2N的計算而求出合力（此例的計算，以向左為正）。

　　但在作用線平行不會交叉，也就是兩個力平行時，並無法進行相同的計算方式。因此，必須先求出兩個平行力的合力，再以合力的力矩，求出合力的位置。

＊〔註〕這時的力矩可設定為任意點。

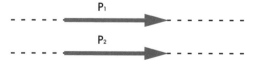

平行的兩個力，因為作用線不會交叉，所以無法畫出平行四邊形。
因此必須採用其他方法（力矩）來進行合成與分解。

練習問題 📖 合成平行力

No.1

利用力矩法求出平行力的合力。

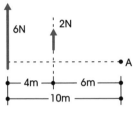

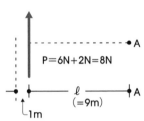

P＝6N＋2N＝8N

ℓ
（＝9m）

1m

如左圖，有平行的兩個力，請利用對A點（A點可為任何位置，結果都相同）的力矩求出合力。

所求的合力的大小為

6N＋2N＝8N

但是，8N的力，位置會是在哪裡？

假設該合力的位置與A點的距離為 ℓ m，則

$$（6N×10m）＋（2N×6m）＝8N×ℓm$$
$$60Nm＋12Nm＝8N×ℓm$$
$$ℓm＝\frac{（60＋12）Nm}{8N}＝\frac{72Nm}{8N}＝9m$$

而求出合力的位置。

參考 在此計算例題中，若將A點往左位移2m至A'，則

$$（6N×8m）＋（2N×4m）＝8N×ℓm$$
$$48Nm＋8Nm＝8N×ℓm$$
$$ℓm＝\frac{（48＋8）Nm}{8N}＝\frac{56}{8}m＝7m$$

算出合力的位置，在距離6N的力右側1m的位置。

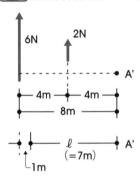

ℓ
（＝7m）

1m

＊〔註〕計算時，力矩的正負以順時針方向的力矩為正（＋），逆時針方向的力矩為負（－）。順時針稱為右旋，逆時針稱為左旋。

No.2

若前頁例子中的2N力方向相反（向下），求其合力。然後請改變A點的位置再計算看看。

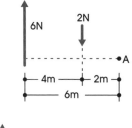

所求的合力的大小為

6N－2N＝4N（向上）

請注意，因為2力的方向相反，所以做減法運算，求得合力為4N。

接著求該合力的位置。

（6N×6m）－（2N×2m）＝4N×ℓm

36Nm－4Nm＝4N×ℓm

$$\ell m = \frac{（36-4）Nm}{4N} = \frac{32}{4}\ m = 8m$$

在這題中，合力4N的位置，竟然超過了6N力的外側。在計算上，常常會出現這樣的結果，但絕對不是計算錯誤。

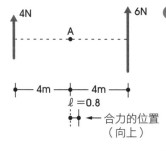

No.3

再來試解另一例。這次令A點為兩力的中間點。

所求的合力的大小為

4N＋6N＝10N（向上）

而合力的位置在

（4N×4m）－（6N×4m）＝10N×ℓm

16Nm－24Nm＝10N×ℓm

$$\ell m = \frac{（16-24）Nm}{10N} = \frac{-8Nm}{10N}$$

$$= -0.8m$$

計算結果，ℓ是負值，這個結果要如何判讀呢？在剛剛的式子裡，我們假設（10N×ℓm）是正值，也就是假設合力是右旋，但計算結果卻出現了負值。這就代表合力應該是左旋，位置是在A點右側0.8m處。

1.16

力偶無法合成也無法分解

　　即使是平行的力，也有無法利用力矩法進行合成和分解的時候。

　　那就是稱為「**力偶**」的力。所謂的力偶，就是像讓車輪轉動的**成對平行力，兩個力的大小雖然相等，但方向卻相反**。

❏ 力偶的條件

P

①平行的兩個力（成對的力）
②大小相等
③方向相反

P

　　為什麼力偶無法合成呢？因為它們大小相等、方向相反，合成的結果會是±0。

【驗證】

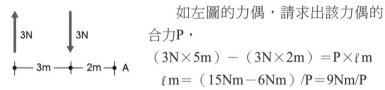

3N　　3N

├── 3m ──┼── 2m ──┤ A

　　　　　　　　　如左圖的力偶，請求出該力偶的合力P，

$$(3N \times 5m) - (3N \times 2m) = P \times \ell m$$

$$\ell m = (15Nm - 6Nm)/P = 9Nm/P$$

　　雖然可以進行 ℓ m的計算，但由於合力的大小P＝3N－3N＝0，所以無法求出 ℓ m的值（因為任何數字都無法被0除）。

　　因此，力偶必須使用特別的計算方式，以力矩（力偶矩）來計算。

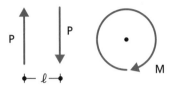

◻ 力偶矩（P×ℓ＝m）

P   P

⊙ M

力偶矩M的大小為

$$M = P \times \ell$$

其圖形記號表示如左。

（順時針方向為正，逆時針方向為負）

ℓ

練習
問題

📖 **求力偶的大小**

在此，嘗試將前頁所舉的力偶以力偶矩表示。

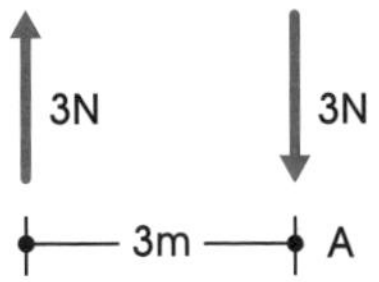

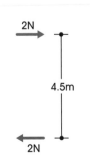

3N   3N

3m   A

2N

4.5m

2N

力偶矩是以 $M = P \times \ell$ 表示，所以左圖的力偶

$$M = 3N \times 3m = 9Nm$$

求得力偶矩為9Nm。

實際上，力偶是由大小相等、方向相反的兩個力所組成，而力偶矩則是力的絕對值（P）與兩個力間的距離（ℓ）之乘積。

求力偶矩時同樣是以順時針方向為正，以逆時針方向為負。

左圖的力偶，其力偶矩為正（順時針旋轉），大小則為

$$M = 2N \times 4.5m = 9Nm$$

亦即，上圖的力偶與下圖的力偶，兩者的力偶矩是相等的，產生的力學效應並無不同。

1.17

任何力都能夠以
垂直力・水平力・力矩來表現

這一節，我們來復習一下目前為止所學到的內容要點。利用箭頭表現出我們眼睛看不到的力，是力學入門的第一步。力是一種向量，無法直接進行加減計算，但只要利用平行四邊形就能夠進行力的合成與分解。只有力偶無法合成與分解，因此會以力偶矩來計算。

在建築結構力學中，由於建築物的構件有柱子等垂直構件與梁等水平構件。地球引力是在水平面的垂直作用力，因此理所當然會對構件產生影響。

因此，在建築結構力學裡，為了掌握作用於建築構件的力，常會將力分解或合成為「**作用於垂直方向的力**」與「**作用於水平方向的力**」。此時。**力偶還是一樣無法進行合成與分解，所以必須針對力偶另外以力矩的形式來處理**。

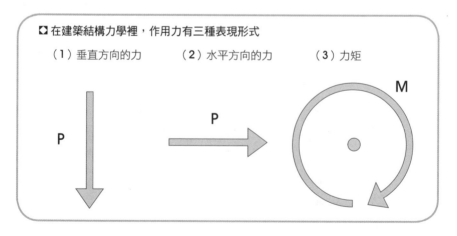

◪ 在建築結構力學裡，作用力有三種表現形式

（1）垂直方向的力　　　（2）水平方向的力　　　（3）力矩

P

P

M

力的合成與分解——11個問題

No.1

請合成下圖中位於同一作用線上的力,並求其合力。

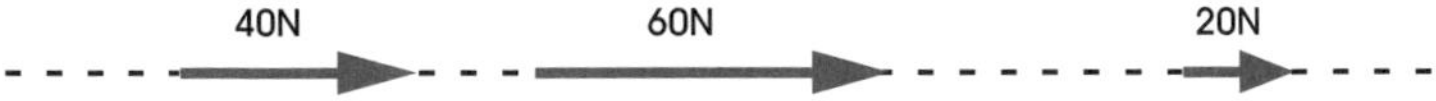

40N   60N   20N

〈解答〉

　　位於同一作用線的力能夠直接進行加減計算,因此上圖中三力的合力為,

$$P = 40N + 60N + 20N$$
$$= 120N (向右為正)$$

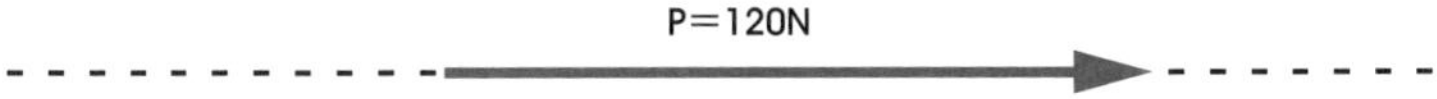

P＝120N

　　此120N的力P位於三力所存在的同一作用線上,只要是位在同一作用線上,無論是在哪個位置,效應都一樣。

No.2

求下圖中位於同一作用線上力的合力。

50N   40N   60N

〈解答〉

　　在這題中有一個力的方向與其他二力不同,因此這個力的作用為負。

$$P = 50N - 40N + 60N$$
$$= 70N (以向右為正)$$

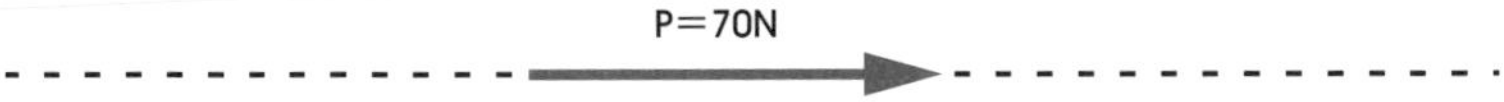

P＝70N

No.3

求下圖中位於同一作用線上三力的合力。

30N   70N   20N

〈解答〉

$$P = 30N - 70N + 20N$$
$$= -20N（向右為正）$$

　　此題計算結果，所求的P為負值。因為我們計算時以向右為正，所以計算結果為負值，代表P為向左的力。

P＝20N

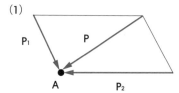

　求以下兩圖中，作用於A點二力的合力，請以作圖法求出。

(1)

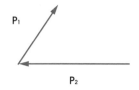

(2)

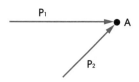

〈解答〉

　　兩個圖都採用平行四邊形法，畫出平行四邊形的對角線，就是所求的合力P。

(1)

(2)

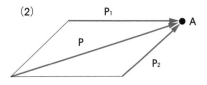

　求下圖中二力的合力。

〈解答〉

　　由於此二力的箭頭方向並非指向同一點。因此，我們先令力沿作用線移動，使兩力的箭頭前端集中於同一點，然後再來畫平行四邊形。上述的方法有以下兩種作法，都是正確解答（兩種解答的箭頭線段長度相同，方向相同，位於同一作用線上）。

（1）移動P₁　　　　　　　（2）移動P₂

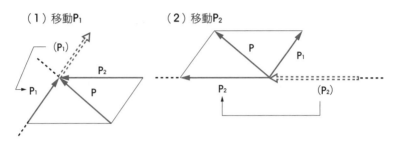

No.6

求下圖中二個力的合力。

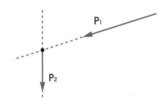

〈解答〉

　　對於這種分開的力，我們令力沿作用線移動，使兩力的箭頭前端（或者尾端）位於兩作用線的交點，就能利用平行四邊形法畫出合力P。

或

No.7

求下圖中三力的合力。

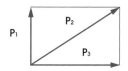

〈解答〉

　　先求其中任二力的合力，再求該合力與剩下一個力的合力。可自由選擇先合成那二力。

（1）先求 P_1 與 P_2 的合力　　　　　　（2）先求 P_2 與 P_3 的合力

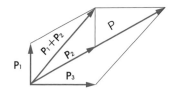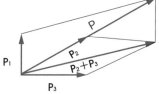

（1）和（2）求得的力P，皆為 P_2 的兩倍大

No.8

欲將下圖中P＝5kN的力分解成兩個力。令其中一分力如圖中所示為 P_1＝3kN，求另一分力。

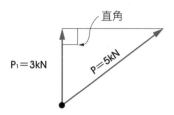

〈解答〉

　　將一個力分解成兩個力時，有多種解法，因此出題時一定要像這裡一樣，先設定其中一個分力，作為分解的條件。

　　由於此題已設定了一個分力，可將箭頭前端連結起來，產生一個封閉的力線圖，如此可求出另一個分力P₂。使用平行四邊形法，也能夠得相同的結果（大小）。所求得的P₂大小為4kN（可藉由測量圖形而得，或利用畢氏定理$5^2＝3^2＋X^2$，$X^2＝25－9$，可求出$X＝4$）。

　　另外，雖然採用力線圖法能夠輕鬆求得力的大小與方向，但作用線（平行移動）卻不同，這點必須注意。

（1）力線圖法　　　　　　　　（2）平行四邊形法

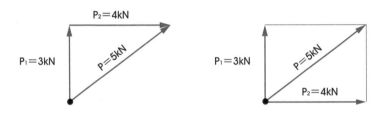

＊〔註〕雖然採用力線圖法能夠容易求出另一分力P₂，但作用線卻不同（只有大小・方向是一致的）。

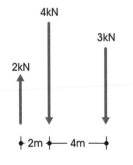

No.9

求下圖中三力的合力。

參考 這是三個彼此平行的力，故無法使用平行四邊形法，因此，我們使用力矩法來求其合力。由於力具有「向量」和「力矩」的特殊性質，因此請記得當向量（平行四邊形）行不通時，就改從力矩下手。

〈解答〉

　　求力矩用的點，可任意選擇（任何位置），結果都會一樣。下面就來進行驗證。

（1）對A點時的力矩

令A點位於距離2kN的力左側2m的位置。

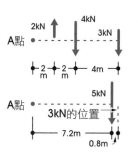

求合力的大小（以向上為正）

$$P = 2kN - 4kN - 3kN$$
$$= -5kN（合力向下）$$

求合力的位置（以旋方向為正）

$$5kN \times \ell\,m$$
$$= -2kN \times 2m + 4kN \times 4m + 3kN \times 8m$$
$$= (-4 + 16 + 24)\,kNm$$
$$= 36kNm$$

$$\ell\,m = (36/5)\,m = 7.2m$$

因此，合力（P＝5kN）為向下的力，位置則在距離A點右側（右旋）7.2m處。

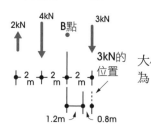

（2）對B點時的力矩

令B點位於4kN力與3kN力的中間，合力的大小會相同，而合力的位置（右旋方向為正）為

$$5kN \times \ell\,m$$
$$= 2kN \times 4m - 4kN \times 2m + 3kN \times 2m$$
$$= (8 - 8 + 6)\,kNm$$
$$= 6kNm$$

$$\ell\,m = (6/5)\,m = 1.2m$$

因此，合力的位置是在B點右側1.2m處（發生右旋）。

如上所述，無論是（1）還是（2），合力的位置都相同。

No.10

求下圖中的平行力的合力。

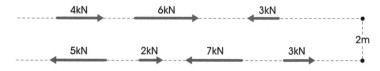

〈解答〉

上側的作用線上的合力（右旋方向為正）為

$$P = 4kN + 6kN - 3kN$$
$$= 7kN$$

下側的作用線上的合力為

$$P = -5kN + 2kN - 7kN + 3kN$$
$$= -7kN$$

這兩個合力為大小相等、方向相反的平行力，因此是一對「力偶」，無法合成為一個力。

此力偶的力矩大小為

$$M = P \times \ell = 7kN \times 2m$$
$$= 14kNm$$

No.11

請合成下圖中的三個力（P_1、P_2、P_3）。其中，P_2 及P_3 為力P（$= 5kN$）的分力，且P_1 與P平行。

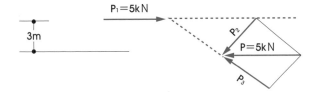

〈解答〉

P_2 與P_3 為力P的分力，這代表將P_2 與P_3 合成就等於P。力P與P_1 為相同大小但不同方向的平行力，故為一對力偶（$M = 5kN \times 3m = 15kNm$）。

除了上述的求法之外，圖中顯示P_1、P_2 及P_3 這3個力的作用線有發生交叉，因此我們也能夠先求P_1 和P_2 的合力。此時，P_1 與P_2 的合力就與P_3 形成一對力偶。此外，P_1 與P_3 的合力也會和P_2 形成力偶。無論是哪一對力偶，力偶矩都一樣大。

▶要熟練「牛頓」這個單位（part0）

平時我們所說的體重，無關學術性，以kg作為單位即可，譬如我的體重為50kg。然而在建築確認申請書中所附的結構計算書，為了「證明」其沒有適法性的疑義，必須記載法令規定中所採用的「牛頓」這一**質量系單位**進行計算的結果。這並不是個人喜好的問題，而是必須去熟練的。

▶力的基本性質是「向量」（part1）

力是看不見、摸不著的，利用**箭頭**來表示力，是力學入門的第一步。箭頭包括了**力的作用點、作用線**（方向）及**大小**（線段的長度）。

就算是同一大小的力，由於作用距離不同，而產生力矩。以槓桿原理來思考，就很容易明白力矩的概念。理解力矩是學習力學最基本的一件事。

接下來，力能夠**分解**成數個力，數個力也能夠合成為一個力。進行力的合成與分解的方法，是利用**平行四邊形**（這種性質稱為向量）。但只有**力偶**（一對大小相等但方向相反的平行力）無法利用平行四邊形來進行分解與合成。**力偶會產生力偶矩。**

建築結構力學是一門用來防止建築物傾斜、倒塌的力學，因此運用建築結構力學，能夠讓建築物承受作用於其上的重量等等。將作用於建築物的力沿水平方向與垂直方向進行分解與合成，並掌握無法分解與合成的力矩，就是結構力學入門的第一階段。

與不斷移動、旋轉的機械系統力學比起來，**靜止**的建築結構力學可要簡單多了。

54 ●●●●

Part 2

什麼是外力、內力、反力？

2.1

外力、內力、反力
以及三者間的關係

在本章中，我們要學的方法，是如何確認實際施加力於建築物等結構物時的安全性。

為了確認結構物的安全性，首先要將作用於結構部位的力分成①外力、②內力、③反力這三種力，接著再探討這三種力的影響。

[外力]

所謂的[外力]，指的是從外部施加至該結構物的力。外力也稱為荷重。堆積在屋頂上的雪，放在建築物裡的物品重量，建築物所承受的地震和風的力等等，這些都算是外力。

[內力]

構成建築物的構件（柱子、梁）等內部會因上述外力（荷重）而產生力（應力）。這種在結構構件的內部產生的力，稱為「內力」。

[反力]

外力會經由內力而於最後傳遞至地盤。該地盤的耐力（承載力）是否夠大也非常重要。像這樣子支承結構物的力稱為「反力」。

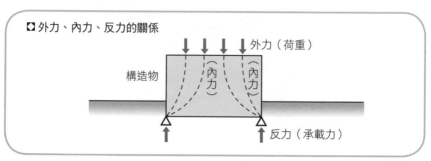

◘ 外力、內力、反力的關係

構造物　外力（荷重）　（內力）　（內力）　反力（承載力）

2.2

簡單結構物的
外力、內力、反力與穩定

在這一節，我們利用簡單結構物來思考「外力、內力、反力」的關係。首先，我們以形狀簡單的獨木橋來做例子。

◘ 以河邊的獨木橋為例，介紹「外力、內力、反力」

[外力]

橫渡獨木橋者的重量，屬於外力。這個重量不只有人的體重，還包括背包重量等。此外，還必須考慮到會有多人同時過橋的情形。獨木橋本身的重量也是外力的一種。

[內力]

當上述外力施加於獨木橋上時，獨木橋若斷裂，就麻煩了。如果獨木橋斷裂，代表因外力而於獨木橋內部產生的內力，超過了獨木橋的耐力極限。

[反力]

反力的思考重點，在於支撐獨木橋的是什麼？如果只是靠河邊的砂石將獨木橋撐起，獨木橋的重量應該會壓垮砂石。橋也有可能會被河水給沖走，因此必須以大石頭固定獨木橋，讓橋不會產生移動的情形。

◖◗ 結構物的穩定

結構物的穩定，指的是「**外力、內力、反力**」這三種力保持平衡。如果三種力能保持平衡，結構物就能夠處於靜止的狀態。

外力大於反力，獨木橋沈陷（傾斜）

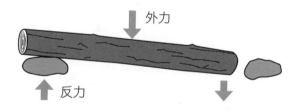

若因外力而生的內力大於獨木橋的耐力，獨木橋就會斷裂

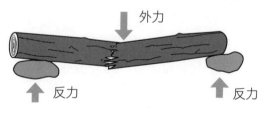

保建築物在這些荷重作用下安全無虞。

　　日本建築基準法施行令第36條之3規定，對於「產生作用力的自重、裝載荷重、積雪荷重、風壓、土壓、水壓以及地震等其他的震動及撞擊」，必須確保建築物的安全。

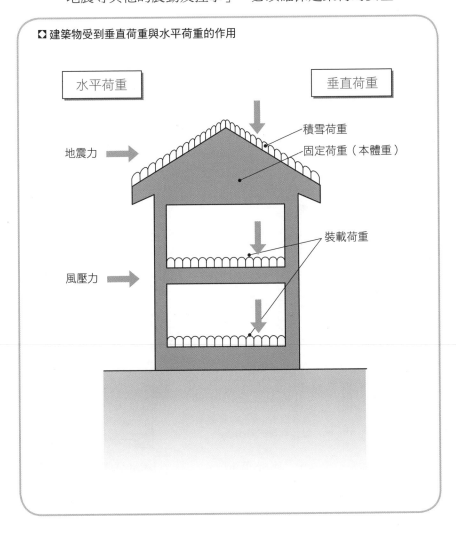

◪ 建築物受到垂直荷重與水平荷重的作用

2.5

集中荷重與均佈荷重

　　雖然外力有很多種類，但外力的大小的單位皆為1kN，因此無論是固定荷重還是裝載荷重，都是一樣的，沒有必要區分。從力學的觀點，1kN的效應相同。

　　並非所有施加於建築物的荷重，都能夠以箭頭線段表示，例如屋頂的積雪就是平均作用在屋頂，因此荷重還能依其作用狀態區分為以下兩種。

（1）集中荷重

　　集中作用於同一個部位的荷重，可以箭頭線段表示。例如位於柱子腳部的桁條，必須支承二樓柱的荷重，這就是「集中荷重」。（見下圖）

（2）均佈荷重

　　堆積在屋頂的雪，是一種均勻分佈的荷重，稱為「均佈荷重」。

　　一般都屬於「等分佈荷重」，也有少數如土壓等，屬於有變化的「**線性分佈荷重**」。

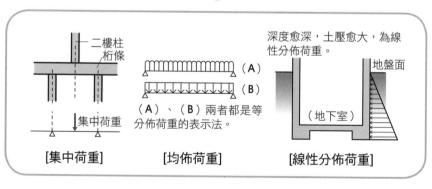

二樓柱
桁條
集中荷重
[集中荷重]

（A）
（B）
（A）、（B）兩者都是等分佈荷重的表示法。
[均佈荷重]

深度愈深，土壓愈大，為線性分佈荷重。
地盤面
（地下室）
[線性分佈荷重]

2.6

支承結構物的反力

　　對於結構物而言，要在力學上達到靜止是很重要的，當有外力施加在結構物上時，靜止狀態就有可能受到破壞，也就是說，結構物將有可能傾斜或毀壞。此時，能夠穩穩支承結構物的，就是**反力**。

　　構成建築物的構件當然會損壞，例如可能會發生柱子和梁斷裂、接合物（橫向接合、縱向接合）脫離毀壞等。若將結構物視作一個完整的單位，則支承結構物的就是地盤的承載力。

　　只要地盤的承載力不小於外力中各種荷重的大小，結構物就不會有傾斜、沈陷的情形發生。讓結構物能夠得到穩定的支承，這個前提比結構構件的強度更為重要。只要反力能夠承受荷重，那麼結構物就獲得力學上的平衡。平衡就是力學的基本。

　　反力的英文是Reaction，因此取字頭R代表反力。

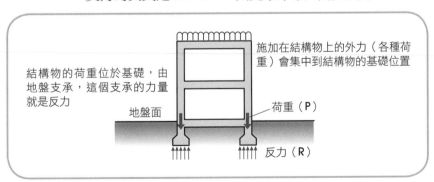

結構物的荷重位於基礎，由地盤支承，這個支承的力量就是反力

施加在結構物上的外力（各種荷重）會集中到結構物的基礎位置

地盤面

荷重（P）

反力（R）

2.7

每個構造構件都有反力

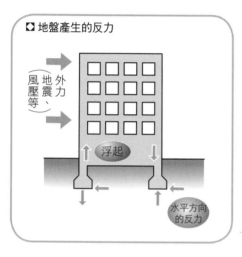

地盤產生的反力

外力（風壓、地震等）

浮起

水平方向的反力

　　在所有施加在結構物上的外力（荷重）中，沿垂直方向施加的荷重（重量）最一目了然。但施加在結構物上的，並不會只有垂直方向的荷重，也有從側面（水平方向）而來的荷重，例如地震和強風發生時，反力會沿水平方向產生，最後形成力的平衡。除了這種水平荷重的效應，還可能會使結構物的基礎浮起一部分，這個反力產生於地盤。當然，在這些現象發生時，必須確保結構物是安全的。

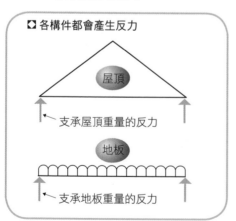

各構件都會產生反力

屋頂

支承屋頂重量的反力

地板

支承地板重量的反力

　　此外，反力並不是只會發生在**地盤**，建築物中的**各構件**都會產生反力。例如有支承屋頂重量的反力，支承二樓地板的反力等等。

　　不過，建築物各構件的反力，會立即成為作用於其他構件的荷重，最終傳遞至建築物的基礎上。

2.8

支承結構物的支點有三種

　　支承結構物的點，稱為**支點**（支承點），依支承的方式可分為**三種**，這三種是依據產生在支點的不同反力。

　　我們以椅子的椅腳為例，來思考看看。

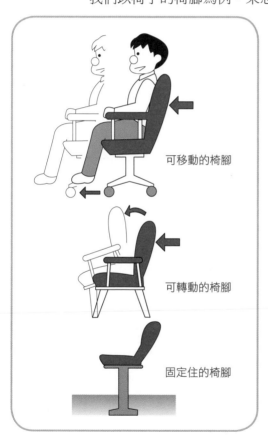

可移動的椅腳

可轉動的椅腳

固定住的椅腳

（1）有輪子的椅子

　　椅子的椅腳裝有輪子時，靜靜地坐著，依然足以支承體重（荷重）。若從後方將椅子向前推，椅子就會開始移動。

（2）一般的椅子

　　一般的椅子要移動較不容易，若是從後方將椅子向前推，椅子可能會往前方傾倒，因此會讓椅子發生轉動。

（3）固定在地面上的椅子

　　例如公園裡的椅子般，有一種牢牢固定在地面的椅腳。這種椅腳既不會移動，也不會轉動。

2.9

移動端・轉動端・固定端

　　在前一節中，我們利用椅子的椅腳，將支承方式分成三種。以力學的觀點來看，這三種分別是（1）**移動端**、（2）**轉動端**、（3）**固定端**。

　　為什麼支點可區分成這三種呢？如同在第一部分中所說明，這是因為「每一種力都能夠以**垂直力・水平・力矩**來表現」。

　　下面分別介紹這三種支點的特性。

（1）移動端（滾輪）

　　這種支點和裝有輪子的椅腳一樣，可支承從上方而來的重量，並會沿水平方向移動，因此反力只會產生在垂直方向。移動端的表示方式如下圖，懸空在支承面上。

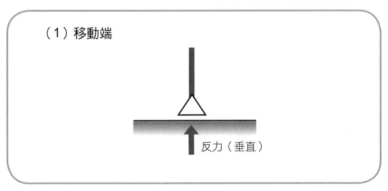

（1）移動端

反力（垂直）

（2）轉動端（樞接或鉸接）

　　這種支點可支承從上方而來的重量，但不會沿水平方向移動。因此除了產生垂直方向的反力，還會產生水平方向的反力。但由於支點與柱腳之間，會以支點為中心而轉動，因此不會產生力矩。

＊〔註〕轉動端又稱為支承端。

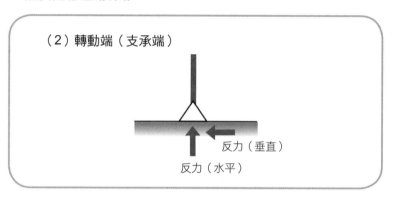

（2）轉動端（支承端）

反力（垂直）
反力（水平）

（3）固定端

　　這種支點不會沿垂直方向移動，不會沿水平方向移動，支點也不會轉動。因此除了垂直與水平方向的反力之外，還會產生力矩的反力。埋進土中的電線桿，就是固定端支點。

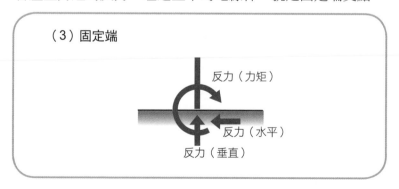

（3）固定端

反力（力矩）
反力（水平）
反力（垂直）

2.10

什麼是簡支梁？

這裡我們再加以詳細說明。

移動端由於能支承從上方而來的重量，具有功能和存在意義。但是結構物原本就是穩定的，不會移動，因此為何有需要設置這種「會移動」的支點呢？

如果結構物的所有支點都是移動端，的確會像裝有輪子的椅子一樣，能夠隨意變換位置，這樣一來就脫離了追求靜止的結構力學，因此這種情形是不會出現的。

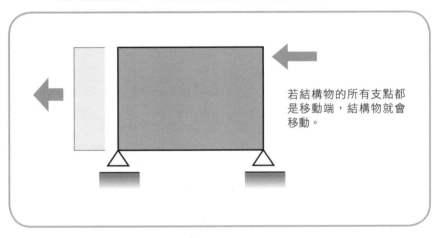

若結構物的所有支點都是移動端，結構物就會移動。

雖然不可能將所有支點都設置為移動端，但在多個支點中，其中一個是可能設置為移動端的。至於為何要有移動端，這是為了要讓力學的分析較為容易。

假設現在有一根梁，令其中一端為轉動端。因為轉動端不會沿水平方向移動，所以另一支點就算是移動端也無妨。

這種支點是轉動端和移動端所組合的梁，稱為「**簡支梁**」。
（梁又有人寫成「樑」，兩者共通。）

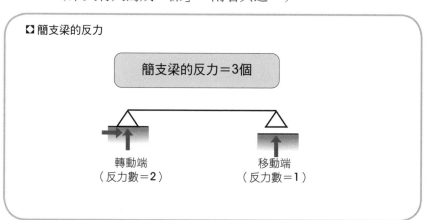

◘ 簡支梁的反力

簡支梁的反力＝3個

轉動端
（反力數＝2）

移動端
（反力數＝1）

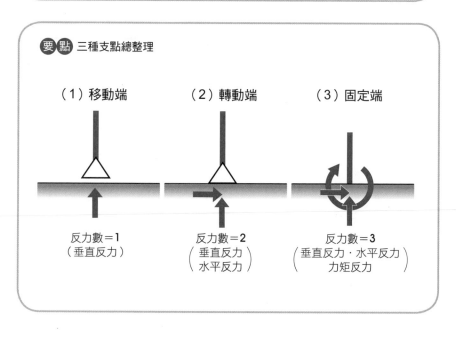

要 點 三種支點總整理

（1）移動端

（2）轉動端

（3）固定端

反力數＝1
（垂直反力）

反力數＝2
（垂直反力
水平反力）

反力數＝3
（垂直反力・水平反力
力矩反力）

2.11

反力數三個是重點

簡支梁的**轉動端**會產生垂直方向和水平方向兩個反力，而**移動端**則只會產生垂直方向一個反力，合計**反力數**為三個。

由於每個反力都是未知數，有三個未知數時，若是能夠具備求解所需的三個條件，就能求出這三個未知數。這3個條件包括：

（1）水平方向的力的平衡

（2）垂直方向的力的平衡

（3）力矩的平衡

假如梁的兩端都是轉動端，每個轉動端都會各有兩個反力，所以合計會有四個反力，如此一來就無法滿足上述的三個條件，因此無法求解。

這麼一來，只有轉動端與移動端的組合（雖然三個移動端時的反力數也是3，但無法維持靜止，所以並不適合）才能滿足上述3個條件。

還有一種結構也能夠利用力學平衡的三條件來求解，那就是只有一個固定端的結構物。這是因為**固定端**會產生**垂直與水平**方向的**反力**，以及力矩的反力，共三個反力，這種結構物稱為「懸臂梁」。

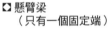
❖懸臂梁
（只有一個固定端）

固定端的反力數是三個。因此懸臂梁可以利用平衡條件來求解。

2.12

樞接（鉸接）與節點

接著，我們再稍加說明轉動端。轉動端的轉動，指的是扇子扇軸一般的轉動。如左圖，以螺栓將兩個構件栓起來，如此一來，構件就能夠進行開閉而不會斷掉（損壞）。這種能夠在不會對構件造成力學性影響下開閉（轉動）構件的固定方式，稱為樞接（也稱為鉸接）。

不過，這只是一種「可以轉動」的結構，如果結構物可以自由轉動，就違反了「靜止」的基本要件。另外，移動端的支點和構件的接合部位，和轉動端一樣，都屬於可以轉動的結構，在這些支點處，並不會產生力矩的反力。

構件與構件的接合部位稱為「節點」。節點有以下兩種。

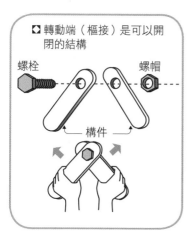

◨ 轉動端（樞接）是可以開閉的結構

螺栓　　　　　　螺帽

構件

（1）樞接節點（鉸接）

此種節點和轉動端一樣會轉動，因此構件間的角度可能會改變。

（2）剛性節點（構架結構）

此種節點是固定的，構件間的角度不會改變。

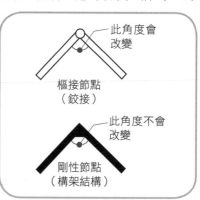

此角度會改變

樞接節點（鉸接）

此角度不會改變

剛性節點（構架結構）

2.13

樞接節點與剛性節點的不同

依照英文字典裡的說明，**鉸接**的英文是「hinge」，意思有①裝在門上的（蝶形）鉸鍊②關節③樞軸。用蝶形鉸鍊的例子，可以讓人容易明白hinge是一種能夠自由改變角度的器具。

第二個意思是關節。說到人身上的關節，會想到手的「肘」關節和腳的「膝」關節。從力學的角度來看，肘和膝的動作，也就是hinge的動作。扇子的扇軸亦稱為hinge。

樞接節點（鉸接）和**轉動端**的相似之處，在於同樣可以轉動，所以不會產生力矩。經由樞接節點傳遞的力，有**水平方向的分力和垂重方向的分力**。

剛性節點如右圖，若我們將厚紙板裁切而成，在節點的位置並不存在螺栓等樞軸，因此若想改變夾角，構件就會損壞。

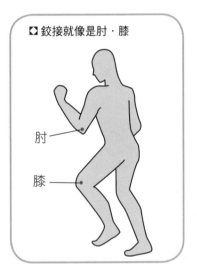

▶ 鉸接就像是肘‧膝

肘

膝

強行彎曲鋼性節點，
會使構件折斷

2.14

什麼是構架結構？

　　這裡要提一些較為專業的東西。由剛性節點構成的結構稱為**構架結構**（Rahmen structure），Rahmen是德語，意指「構架」。在力學裡，垂直與水平分力，還有力矩，都會經由剛性節點傳遞。如果想要改變構件間的角度，就會使構件變形彎曲，最終的結果就是導致構件折斷。一旦構件開始變形，這個變形就會傳遞到下個節點，而其他節點的變形也會互相傳遞，變得更加複雜。

　　鋼筋混凝土造的結構物就屬於這種構架結構，由於力學的構架結構屬於高級力學，原則上在本書裡並不討論。

　　以一個固定端支承的結構構件（懸臂梁），勉強來說也可以算是一種構架結構，不過因為會發生變形的剛性節點只有固定端一處，沒有別的節點可以傳遞變形，所以求解較為簡單（參照第68頁）。

　　至於木造建築的柱子和桁條的接合部位，一般來說應該算是樞接接合還是剛性接合呢？在木造結構裡，常會將接合部位以榫接的方式接合，當發生地震時，就可能發生如右圖般的變形。這種接合部位可以算是「**轉動端**」，故屬於樞接接合。

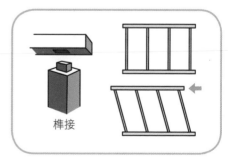

榫接

2.15

外力、內力、反力的總整理

　　到目前為止，我們以外力和反力之間的關係為主，舉了一些例子來說明，所以應該已經能了解它們的關係。

　　結構力學的基本要求，就是使結構物不會產生移動、傾斜、沈陷，能夠安穩地維持**靜止**狀態。為了達到此目的，結構物不僅要能承受結構物本身的重量，還必須要能承受施加在結構物上的各種荷重。

　　我們把**荷重**分為**水平荷重**和**垂直荷重**，除此之外，有時還有力矩荷重的作用。

　　若是以**水平荷重的平衡**，**垂直荷重的平衡**或**力矩的平衡**，**此三種平衡來求反力**，則未知數最多為三個。

　　這類型的支點僅限於（1）由轉動端和移動端所組合的「簡支梁」及（2）只有（一個）固定端的「**懸臂梁**」（在初級力學，知道這些就已經足夠了）。

　　若是能夠求得反力，只要設計出能夠承受該反力的基礎支承部分，結構物就能保持靜止狀態。

　　但還有另一個問題是結構物的「**內力**」，也就是結構構件是否會發生彎折而損壞？我們在求反力時，是以結構構件不會損壞為前提而進行計算分析，但構件是否真的不會損壞呢？

　　要確認在內力方面的安全性，就必須深究**內力**（在構件上產生的應力）**的種類及大小**，這個部分我們將會在第三部分中學習。

　　結構力學的學習，現在進入下一階段。

求出反力──12個問題

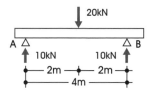

如左圖，梁的正中央有集中荷重的作用，求當集中荷重的大小為20kN時，於左右支點所產生的反力。

〈解答〉

20kN位於梁的正中央，所以左右的支點各分得一半，即各會產生10kN的反力。

以常識來說，左右的支點各產生1/2荷重的反力，這樣的確沒錯（以力學來說，此推論亦為正確）。

但是否有更加簡潔有力的解法呢？

在這題裡，荷重和反力只在垂直方向，是平行的力。這時各力矩處於平衡狀態。

這一題我們運用力矩來解題，相信大家會感到有些不知所措，因此在這裡將傳授解題的要訣。

在此題中，未知數（要求的反力）左右各有一個，也就是有兩個未知數。想要一次同時求出兩個未知數，是不可能的，因此我們採取一個做法，將任意點置於其中一個支點。也就是說，若是求對A支點的力矩，此時在A支點產生的反力的力矩是0。讓我們來試試看。

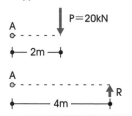

荷重20kN的力對A點的力矩為，

$$20kN（P）×2m=40kN·m$$

而B點的反力R（未知數）的力矩為

$$R×4m=4Rm$$

令這兩個力的力矩相等，

$$4Rm=40kN·m$$

$$R=（40/4）kN=10kN$$

如上述計算結果，可求出支點B的反力為10kN，驗證了前面以常識解出的答案，並符合力學理論。

因此，支點A的反力為，

$$20kN-10kN=10kN$$

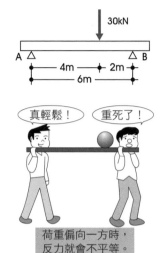

30kN

A △ — 4m — 2m — △ B

6m

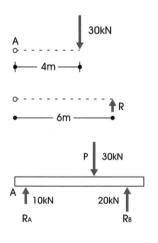

真輕鬆！　重死了！

荷重偏向一方時，
反力就會不平等。

30kN

A ○- - - - - ↓

← 4m →

○- - - - - - ↑ R

← 6m →

P ↓ 30kN

A ↑ 10kN　　↑ 20kN

R_A　　　　　R_B

No.2

這一題中，集中荷重（P＝30kN）作用於靠近支點B的位置。求此時的支點A及B的反力。

〈解答〉

這題我們先用常識來思考。若荷重與前題一樣，位於中央，那麼兩個人會支承相同的重量。但荷重若是偏向其中一方，則離荷重較近的一方會比較重，離荷重較遠的一方則會比較輕。因此我們可以預期支點B的反力會比支點A的反力大。

當然，我們也同樣必須以力學的方式來分析。和前題相同，利用對A點力矩的平衡狀態來解題。

荷重30kN對A點的力矩為，

$$30kN \times 4m = 120kN \cdot m$$

同樣的方式求反力R的力矩，

$$R \times 6m = 6Rm$$

令兩者相等，

$$120kN \cdot m = 6Rm$$

$$R = 120kN \cdot m/6m = 20kN$$

得到了B點的反力為20kN，因此A點的反力為30kN－20kN＝10kN。

我們可以從這些結果知道，集中荷重的位置比例為4m：2m＝2：1時，反力的大小比例會是該比例的反比例，即1：2。

＊〔註〕若以順時針旋轉的力矩為正，逆時針旋轉的力矩為負，上述式子可寫成

$$(30kN \times 4m) - (R_B \times 6m) = 0$$

$$R_B = 30kN \times 4m/6m = 20kN$$

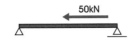

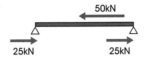

令兩支點都是轉動端，水平反力會在兩支點產生

No.3

求水平力（P＝50kN）作用在梁中央時的反力。

　　若兩支點都是轉動端，則在兩支點會產生水平反力，且無法正確地定出支點會支承多少反力（如前兩題，以常識認為兩支點各支承一半，並不算正確，因為這並非依據力學理論，只是一種假設）。

　　要用力學求出這題的反力，即支點為轉動端和移動端的組合（即簡支梁）。

〈解答〉

　　由於不存在垂直方向的荷重，所以在兩支點處不會產生垂直方向的反力。因此雖然只有水平反力會產生，但在移動端並不會產生水平反力，而只有在轉動端有水平反力產生。也就是說，**轉動端支承了所有的水平荷重**。

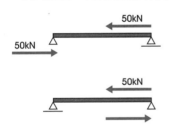

在簡支梁中，反力的產生位置，會因轉動端的位置而有所不同。

　　簡支梁並非一定是像本題圖中一樣，右側為移動端，左側為轉動端，也可能是相反的情形（右側為轉動端，左側為移動端）。若為後者，產生反力的位置，則變成轉動端側（即如左下圖，產生在右側），必須注意。

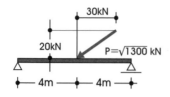

No.4

求斜向的荷重施加於簡支梁時的反力。

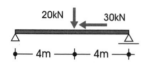

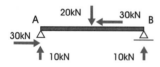

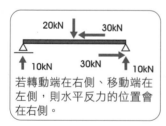

若轉動端在右側、移動端在左側，則水平反力的位置會在右側。

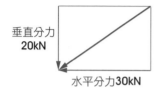

從題目的圖，可知荷重P的大小為
$$P = \sqrt{1300} \text{ kN}$$
這數字很特別，是為了簡化荷重P的水平分力和垂直分力的計算，而特地設計的。即，
$$(20\text{kN})^2 + (30\text{kN})^2 = P^2$$
$$= 400\text{kN}^2 + 900\text{kN}^2$$
$$= 1300\text{kN}^2$$
$$P = \sqrt{1300} \text{ kN}$$
因此，我們可以把題目的圖改畫成左圖。

〈解答〉

水平反力會在轉動端產生與水平荷重（30kN）相同大小的力，垂直反力會在兩支點分別產生10kN。計算求垂直反力的大小時，令對轉動端（A點）的力矩相等，則
$$20\text{kN} \times 4\text{m} - R_B \times 8\text{m} = 0$$
$$R_B = 80\text{kN} \cdot \text{m}/8\text{m} = 10\text{kN}（B端）$$
求得B端的垂直反力。而R_A（A端）為
$$R_A = 20\text{kN} - 10\text{kN} = 10\text{kN}$$
若轉動端與移動端的位置改變，水平反力的位置也會改變（請參照最下圖）。

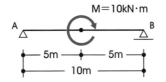

求力矩荷重（M＝10kN・m）作用於簡支梁時的反力。

〈解答〉

　　到目前為止，題目都是屬於垂直荷重與水平荷重的力，解題過程應較易理解，而此題出現了較不熟悉的力矩荷重，您是否感到驚慌呢？確實，力矩荷重既不是水平力也不是垂直力，以之前的思考方式是解不出來的。

　　力矩荷重是一種轉動力（力偶），會使梁產生轉動，因此，反力就必須是阻止轉動的力。亦即，必須以與荷重相反方向轉動的力偶與之對抗。我們只要求出在兩支點產生的反力，創造的力偶即可求解。

　　計算如下（對A點的力矩）

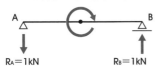

$M＝10kN・m＝R・10m$

$R＝10kN・m/10m＝1kN$

（反力的方向為逆時針方向）

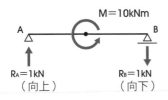

　　若力矩荷重為逆時針方向（如左圖），則反力即是相反的順時針方向。

　　如此以與力矩荷重轉動方向相反轉動的力偶，就會使力矩平衡，梁就能保持穩定。

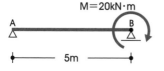

改變力矩荷重的位置，讓力矩荷重作用在移動端本身，求其反力。

在前題中，力矩荷重恰好位在於梁中央，因此我們以作用在各支點的力偶為反力，求得力的平衡，相信此解法的意義令人容易理解。

但在這題裡，力矩荷重卻是作用在移動端的支點上，這樣一來該如何思考呢？

〈解答〉

此題的荷重，同樣也只有力矩荷重，無法利用單純的垂直與水平方向的反力，求得力的平衡。解法與前題相同，以形成力偶的反力來求得平衡。

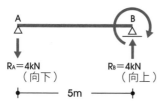

求在A、B兩支點形成力偶的反力。由於與順時針方向的力矩荷重對抗，所以可知該力偶為逆時針方向。

$$M = 20kN \cdot m = R \cdot 5m$$
$$R = 20kN \cdot m/5m = 4kN$$

因此，若力矩荷重的位置改變，依然由與之對抗的力偶來求反力。

如果力矩荷重的轉動方向變成相反，如左方最下圖，此時反力的方向也會變得相反。

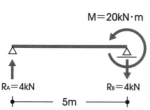

此題要求的是固定端的反力。

在電線桿等垂直豎起的柱子，從頂端施加荷重P，這時的反力由於與荷重P達成平衡，因此產生大小相同（P）但方向相反（向上）的反力。水平方向的反力和力矩的反力則不會產生。

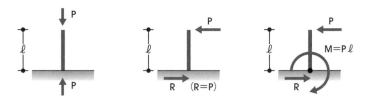

若在這種柱子頂端施加水平荷重P，又會如何？由於所施加的不是垂直方向的荷重，所以不會產生垂直方向的反力。水平方向的荷重需要水平方向的反力來對抗。您可能會以為這樣就完成了，但並非如此，還要考慮對固定端的影響。因為水平荷重P和反力R之間會產生力偶，所以還需要與力偶平衡的反力。所產生的力偶的大小為

$$M = P \times \ell = P\ell$$

因此，平衡的反力力矩也同樣為P·ℓ。但與由荷重和反力形成的力偶方向則相反。

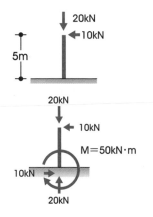

問題

如左圖，求承受垂直荷重20kN、水平荷重10kN的柱子（柱腳為固定端）之反力。

〈解答〉

垂直反力為20kN（向上）、水平反力為10kN（向右）。此外有水平荷重·水平荷重所形成的力偶，也就是反力力矩，如下式，

$$M = 10kN \times 5m = 50kN \cdot m$$

No.8

求陽台和屋簷等向外伸出梁的反力。這種類型的梁，就像將前頁的柱子倒放。

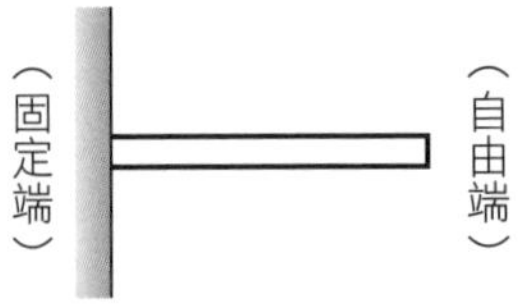

懸臂梁
（cantilever）

梁的基部是固定端，前端則沒有任何支撐（沒有任何支撐的前端，有時會稱為「自由端」）。

像這樣，一端為固定端，另一端為自由端的梁，稱為「**懸臂梁**」，英文為cantilever。

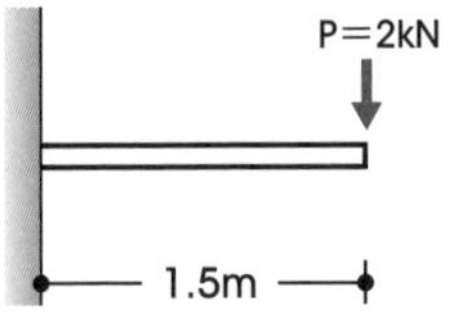

問題

如左圖，集中荷重（P＝2kN）作用於長度1.5m的懸臂梁前端，求此時的反力。

〈解答〉

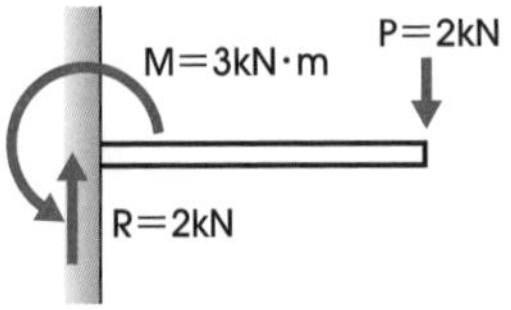

由於沒有水平荷重，故水平反力為0。垂直方向的反力和垂直荷重的大小相同，為2kN，但方向向上。由於該荷重和反力形成的力偶，會產生與之對抗的力矩反力，大小為

$$M = 2kN \times 1.5m = 3kN \cdot m$$

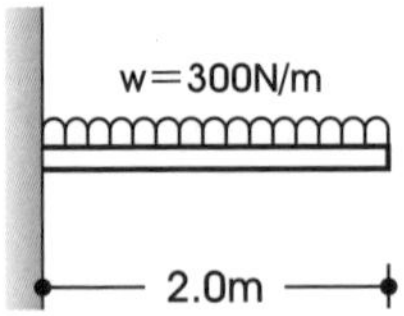

問題

如左圖，求承受均佈荷重（w＝300N/m）的懸臂梁反力。

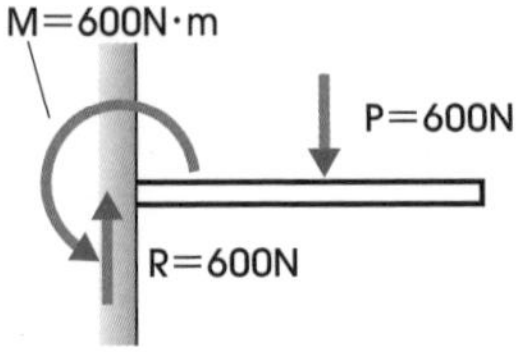

〈解答〉

垂直荷重為300N/m×2m＝600N，則垂直反力為600N。假設垂直荷重以集中荷重的方式作用在梁中央（重心），則力偶為 $M = P \cdot \ell = 600N \times 1.0m = 600N \cdot m$。因此反力力矩為600N · m（逆時針方向）。

＊〔註〕均佈荷重的反力，和令同樣大小的荷重，以集中荷重的方式，作用在目標物重心（中央）時，兩者反力相等。

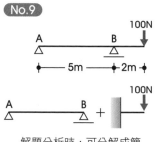

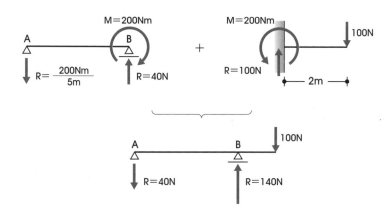

解題分析時，可分解成簡支梁和懸臂梁

若簡支梁的端部比支點突出，這樣的梁稱為「外伸梁」，如屋頂椽木的簷。這種梁看起來雖然像是簡支梁，但荷重會如左圖般，作用在外伸的部分，所以並非簡支梁。

外伸部分就像是懸臂梁，因此可以將外伸梁視為簡支梁和懸臂梁的組合，求解。

如下述，可先分別分析，然後再加以整合。以下省略計算過程，但相信可以理解此原理。

雖在B端（移動端）不會產生力矩的反力，從上面圖中可知，我們計算在懸臂梁時所產生的力矩反力，並將形成平衡的反方向力矩荷重，施加到B端以求解。

另外，也有如下，直接從力的平衡著手求解。

若對A為力矩平衡時，

$M_A = 100N \times 7m - R_B \times 5m = 0$ $R_B = 700Nm/5m = 140N$（向上）

若對B的力矩平衡時，

$M_B = 100N \times 2m - R_A \times 5m = 0$ $R_A = 200Nm/5m = 40N$（向下）

可求得A端和B端的反力。

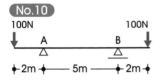

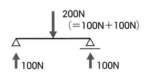

本題是前題的應用問題。前題的梁為單側外伸，本題的梁則是兩側皆外伸。兩側的荷重條件相同，左右對稱。

因為左右對稱，所以在A、B兩端都各有100N的垂直反力，這是直覺想法，雖然以結論來說並沒有錯，但絕非經由計算而得的結果。

若以計算求解，可將兩個垂直荷重合成，合成後大小為200N，並作用在梁（簡支梁）中央，因此可知A、B的反力都是100N。

在前題中，外伸梁的部分施有荷重，因此除了上述的垂直反力之外，還會有荷重和反力所形成的力偶矩（M＝200Nm），而反力為40N。在本題中，由於左右對稱，兩個力偶矩形成平衡，相對的反力則為±0。

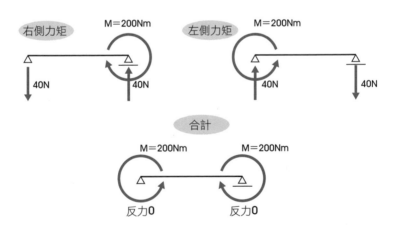

在這一題中,所要求的不是梁的反力,而是三角形結構物的反力。假設此三角形的結構物不會因為力的施加而變形、損壞(稱為「剛體」)。

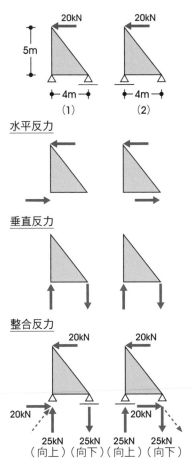

水平反力

垂直反力

整合反力

請求出左圖(1)及(2)的結構物反力。(1)和(2)的結構物差異,在於移動端和轉動端的位置。此差異會使反力的產生形式不同。

(1)和(2)的水平荷重反力,都只會發生在轉動端,大小為20kN,方向為與荷重方向(向左)相反,為向右。

接著是垂直反力,由於必須對抗水平的力偶,所以兩者力矩要平衡,

$M = 20kN \times 5m - R \times 4m = 0$

$R = 20kN \times 5m/4m$

$= 100kNm/4m$

$= 25kN$

求得垂直反力為25kN。

將上述結果整合,獲得如左圖的反力。如前所述,請注意轉動端和移動端的位置不同,會產生不同的結果。

有一三角形結構物從牆面突出，求此狀況下的反力。本題的特點在於，之前的各支點都位於平面，本題則是位於垂直面（牆壁）。但這並沒有什麼好令人驚慌失措的，因為不過只是方向轉了90度。

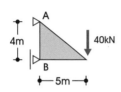

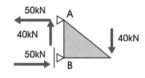

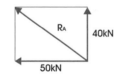

依據畢氏定理，
$R_A \fallingdotseq 64kN$

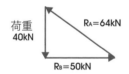

封閉的力線圖，代表達成力的平衡

在圖示的三角形結構物前端，作用有40kN的集中荷重。垂直反力產生在A端（轉動端），方向向上（40kN）。力偶矩為40kN×5m＝200kNm，因此水平方向的反力（力偶）為R＝200kNm/4m＝50kN。

在A端（轉動端）會產生水平反力（50kN）與垂直反力（40kN），共有兩種反力會產生。我們要從這兩種反力的合力來求R_A。可使用力的平行四邊形法求出合力。依據畢氏定理，

$$R_A^2 = (40kN)^2 + (50kN)^2$$
$$= (1600 + 2500) kN^2$$
$$= 4100kN^2$$
$$R_A = \sqrt{4100} kN \fallingdotseq 64kN$$

求得R_A為64kN。

把R_A視為三角形的一邊，可將荷重和反力的力線圖畫成如左圖般的封閉三角形（可證明達成力的平衡）。

Part

3

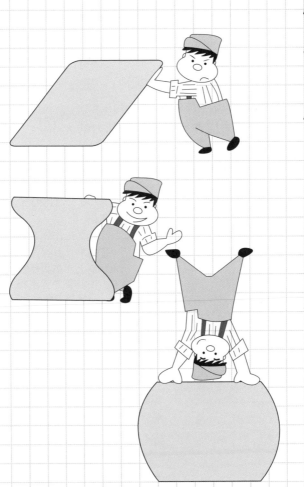

構件所產生的應力

3.1

構件內部所產生的力，
即「應力」（stress）

在本章中，我們要學的是構件內部所產生的力，也就是「應力」。

建築物的結構部分是由柱子、梁、桁條、地板、牆壁等構件所構成，我們必須確保結構是安全的，以避免構件損壞。

構件會損壞，是因為作用於構件內部的力（內力）的大小，超過構件本身具有的耐力。在力學理論基礎下，建造安全的建築物時，會依照以下的步驟依序進行。

（1）求出作用於構件內部力的大小。

（2）求出構件本身耐力的極限。

（3）確認構件的耐力，比內力大。

構件內部產生的力，稱為**應力（stress）**，應力是難以看見的力，必須經由計算才能求得。

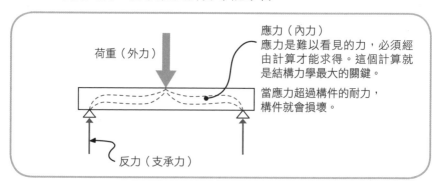

荷重（外力）

應力（內力）
應力是難以看見的力，必須經由計算才能求得。這個計算就是結構力學最大的關鍵。

當應力超過構件的耐力，構件就會損壞。

反力（支承力）

參考 「應力」在日語中的意義

　　在日語中，「應力」一向是由「は」（ha）這個音表現。因為日語裡的柱（はしら，唸作hashira）、梁（はり，唸作hari）、橋（はし，唸作hashi）這些結構構件的名稱中，都有日文假名「は」。

　　握著繩子兩端拉緊（日文：ひっぱる）時，繩子會繃緊變直。這裡的「拉緊」就是藉由拉（日文：ひく）的動作，讓繩子的內部產生應力，所以加上了「緊」（日文：はる）字而變成「拉緊」。在這個狀態下，雖然從繩子外觀看不出來，但繩子的內部有應力產生，充滿了力的作用。

　　建築結構構件的柱和梁，日語名稱裡之所以會包含假名「は」，表示它們不只是木材，並一直承受著眼所睛看不見，存在於內部的力（應力）。

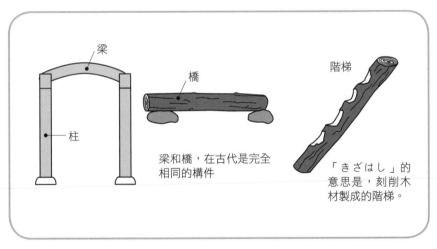

梁

橋

階梯

柱

梁和橋，在古代是完全相同的構件

「きざはし」的意思是，刻削木材製成的階梯。

3.2

破壞構件

如前節所述，應力是種看不見的存在，所以我們不知道它的大小。此外，我們也不知應力有哪些種類。

因此，為了要找出應力的種類，我們會以各種方式來破壞構件，看看會造成什麼結果。藉由研究損壞的構件，我們就能知道是什麼樣的應力造成損壞。

要破壞堅硬的構件，是一件很困難的事，所以最好是使用容易破壞的材料來做實驗，例如羊羹等柔軟的材料較為適合。

如果有人跟您說，「請隨意破壞這條羊羹」時，你會怎麼破壞它呢？

最簡單的方法，就是將羊羹拿起來彎折。對於構件而言，彎折的動作最容易造成損壞。

或者是從羊羹的左右兩側進行擠壓，或相反地向外拉扯（這時運用的是沿物體長度方向施加的力）。

再者，握住羊羹的上下端，**一左一右地扯拉**（這時運用的是垂直作用於物體長度方向的力）。

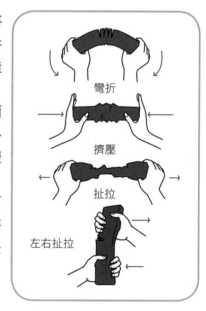

彎折

擠壓

扯拉

左右扯拉

3.3

應力有三種

依據前節的內容，我們能夠將構件內部作用的應力分成三種。

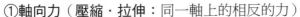

①**軸向力**（壓縮・拉伸：同一軸上的相反的力）

軸向力是作用於構件軸方向的力。依照力的方向，會造成構件壓縮或拉伸，在力學裡稱為「**軸向力**」。

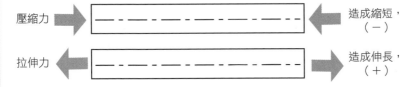

壓縮力　　　　　　　　　　　　　　　　造成縮短，
　　　　　　　　　　　　　　　　　　　（－）

拉伸力　　　　　　　　　　　　　　　　造成伸長，
　　　　　　　　　　　　　　　　　　　（＋）

②**彎矩**（會造成構件彎曲的作用力）

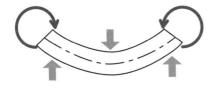

沿垂直於軸的方向作用，將構件折彎的力。在力學裡將這種彎曲物體的力稱為彎矩。

③**剪力**（同為與軸垂直的力，會**切斷**構件）

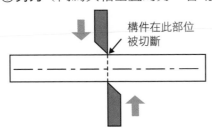

構件在此部位被切斷

如同使用刀具來切斷構件般的作用力，在力學裡，稱為「**剪力**」。由沿垂直於軸的方向作用的力偶所產生。

3.4

應力的正負

應力的正負依其方向而定。只要定出正負，應力就能夠進行加減運算。

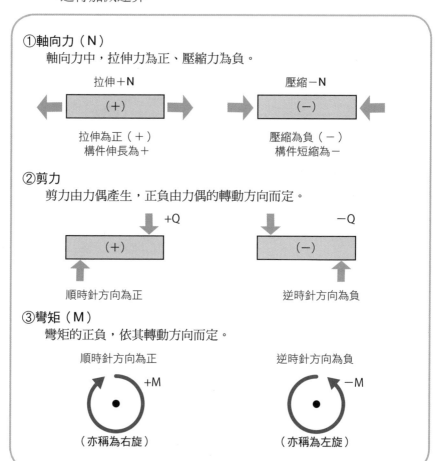

①軸向力（N）
軸向力中，拉伸力為正、壓縮力為負。

拉伸＋N

（＋）

壓縮－N

（－）

拉伸為正（＋）
構件伸長為＋

壓縮為負（－）
構件短縮為－

②剪力
剪力由力偶產生，正負由力偶的轉動方向而定。

＋Q

（＋）

－Q

（－）

順時針方向為正

逆時針方向為負

③彎矩（M）
彎矩的正負，依其轉動方向而定。

順時針方向為正

＋M

（亦稱為右旋）

逆時針方向為負

－M

（亦稱為左旋）

3.5

繪製應力圖

　　「**應力圖**」可讓人對於構件所產生的三種應力，能夠一目暸然。

　　應力圖的繪製規則如下，

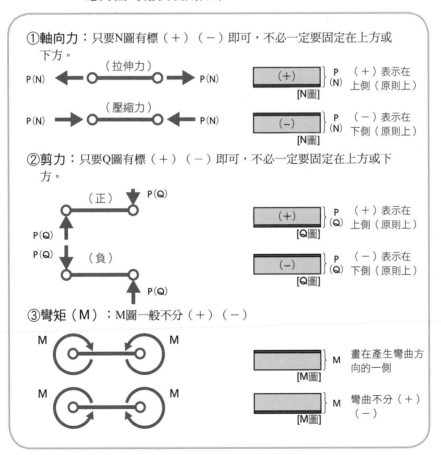

①**軸向力**：只要N圖有標（＋）（－）即可，不必一定要固定在上方或下方。

（拉伸力）
P(N) ← ○——○ → P(N)　　（＋）　　P（N）（＋）表示在上側（原則上）　[N圖]

（壓縮力）
P(N) → ○——○ ← P(N)　　（－）　　P（N）（－）表示在下側（原則上）　[N圖]

②**剪力**：只要Q圖有標（＋）（－）即可，不必一定要固定在上方或下方。

（正）P(Q)　　（＋）　　P（Q）（＋）表示在上側（原則上）　[Q圖]

P(Q)　（負）　（－）　　P（Q）（－）表示在下側（原則上）　[Q圖]
P(Q)

③**彎矩（M）**：M圖一般不分（＋）（－）

M　　M　　　M 畫在產生彎曲方向的一側　[M圖]

M　　M　　　M 彎曲不分（＋）（－）　[M圖]

3.6

分析結構物

　　不僅求出各結構物的反力，也求出內力（應力）的大小
和種類，叫做「**分析結構物**」。亦即瞭解應力（stress）在
結構物中各構件的實際分佈情形。只要能夠了解產生在各個
構件的應力，就能夠設計出承受得住該應力的構件。

　　由於應力無法用眼睛看見，因此難以掌握，但我們可以
從力學的觀點，透過荷重的條件及反力來瞭解應力。應力分
成三種，分別是①軸向力（壓縮及拉伸）②剪力③彎矩，求
出應力屬於哪個種類，和應力的大小，就是在分析結構物。

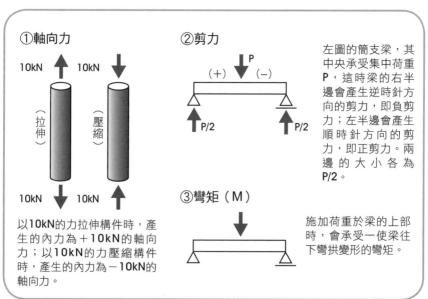

①軸向力

10kN　　10kN

（拉伸）　（壓縮）

10kN　　10kN

以10kN的力拉伸構件時，產
生的內力為＋10kN的軸向
力；以10kN的力壓縮構件
時，產生的內力為－10kN的
軸向力。

②剪力

P

（＋）　（－）

P/2　　　　P/2

左圖的簡支梁，其
中央承受集中荷重
P，這時梁的右半
邊會產生逆時針方
向的剪力，即負剪
力；左半邊會產生
順時針方向的剪
力，即正剪力。兩
邊的大小各為
P/2。

③彎矩（M）

施加荷重於梁的上部
時，會承受一使梁往
下彎拱變形的彎矩。

📖 分析簡支梁・懸臂梁──18個問題

如下圖，簡支梁的中央承受有水平荷重（軸向力），求簡支梁的應力。

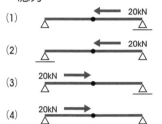

[反力]

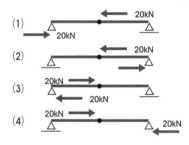

[應力圖（N圖）]

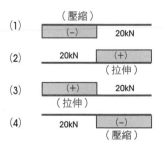

左側的（1）～（4）雖然同樣都是承受20kN的水平荷重，但（1）和（2）承受的是向左的荷重，（3）和（4）承受的是向右的荷重。此外，在（1）和（2）中，轉動端和移動端的位置互相調換，（3）和（4）同樣也調換。

【反力】
水平反力只會產生在轉動端，因此（1）～（4）的反力如左圖。

在（1）～（4）中，荷重和反力的組合（位置、方向）皆不相同。判讀的重點在於，如果兩個箭頭指向互相遠離，就是拉伸（正）的軸向力在作用；如果兩個箭頭的指向是互相面對，那麼便是壓縮（負）的軸向力在作用。

【應力圖】
立刻來畫軸向應力圖（N圖），畫出來就像左圖。明白了嗎？

試分析於中央承受垂直方向集中荷重（25kN）的簡支梁。並畫出其應力圖。

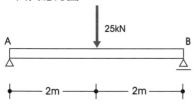

到目前為止，我們已經多次求過簡支梁的反力，此題出的是施加於梁中央的集中荷重，應該可憑直覺解答。

A、B兩端的反力，分別是25kN/2＝12.5kN（向上）。因無水平反力，故無軸向力產生。但由於有垂直反力，所以會產生剪力和彎矩，我們來求看看。

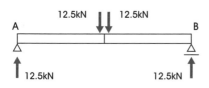

先從剪力著手，將中央的25kN分割成兩部分。分割後，恰好跟左右兩半的反力各形成力偶。

但兩對力偶的方向並不同。梁的中央左側的力偶，轉動方向為順時針方向，因此這一部分的剪力是正值，大小為12.5kN。

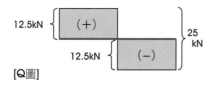

[Q圖]

而梁中央右側的力偶，轉動方向為逆時針方向，因此這部分的剪力為負值，大小為12.5kN。

二剪力的大小加起來，與集中荷重的大小一樣（25kN）。

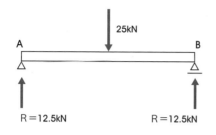

R＝12.5kN　　　　　　R＝12.5kN

　　剪力圖的繪製還算簡單，彎矩圖就較為複雜。等到您熟悉彎矩圖，抓到訣竅後，就能流暢地畫出彎矩圖。因為這裡是本書首一次畫彎矩圖，所以我們不妨說明得仔細一點。

　　由上圖的荷重狀態，我們可以知道圖中的梁因為集中荷重而往下彎拱變形，也就是說，梁會彎曲形成下凹，這應該從經驗法則中可知。

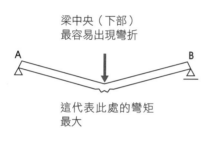

梁中央（下部）
最容易出現彎折

這代表此處的彎矩
最大

R

與反力間的距離
（ℓ）愈大，力矩
（R・ℓ）就會愈大

　　接著來看彎矩的大小。請注意彎矩的大小，會依梁的不同位置而變化。

　　如果此梁會產生彎折，那麼我們可以預測彎折處會在中央的下部，因為中央的彎矩最大。

　　為何中央的彎矩最大呢？這是因為中央距離反力最遠，依據槓桿原理，此處的力矩會最大。

　　我們可利用產生在左側支點（A端）反力R（12.5kN）的力矩，來計算梁上的彎矩大小分佈。彎矩的大小

ℓ（m）	0.0 (支點)	0.20	0.40	0.60	0.80	1.00	1.20	1.40	1.60	1.80	2.00 (中央)
M＝R・ℓ （kNm）	0.0	2.5	5.0	7.5	10.0	12.5	15.0	17.5	20.0	22.5	25.0

會隨著與支點間的距離（ℓ）變大而變化（增大），這裡我們以20cm作為距離（ℓ）的遞增值。

[M圖]

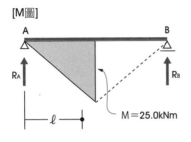

A   B

R_A R_B

ℓ

M＝25.0kNm

將計算出來的彎矩變化，以左圖表示梁左半邊的M圖。

同理，若針對梁的右側求B端（移動端）的反力R_B的力矩，由於左右對稱，彎矩的大小也將會從B端往中央增大，而在中央時達到相同的值。從彎矩圖可證明彎矩在中央時最大。

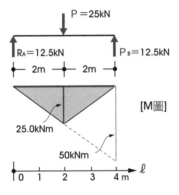

P＝25kN

R_A＝12.5kN P_B＝12.5kN

2m   2m

25.0kNm

[M圖]

50kNm

0   1   2   3   4 m ℓ

如此分別利用左右的反力來畫出M圖，這是一種方法，透過力矩的計算，則是另一種方法，計算式如下所示。

$$M＝[12.5 \times \ell]kNm（\ell＝0 \sim 2m）$$
$$M＝[12.5 \times \ell - 25.0（\ell - 2）]kNm$$
$$＝[50.0 - 12.5\ell]kNm$$
$$（\ell＝2 \sim 4m）$$

＊〔註〕無法理解此算式也沒關係，並不會妨礙之後內容的進行。

必須說明的是，此算式是以B點為中心計算反力或荷重的力矩。

在 ℓ＝0m～2m的範圍內，只會產生反力R_A的力矩。

而在梁中央（ℓ＝2m）的位置，由於有荷重施加，所以產生的力矩大小即為該荷重的大小。由於這個荷重的力矩方向為逆時針，所以是負值。

接著，在 ℓ＝2m～4m的範圍內，反力R_A的力矩一樣會持續增加（M圖裡的虛線），但在減去荷重的力矩後，整體就會形成減少的傾向，而在最末端的支點B時，M＝0。

No.3

這次是在簡支梁的非中央處，施加一個集中荷重（P＝25kN），請分析看看。

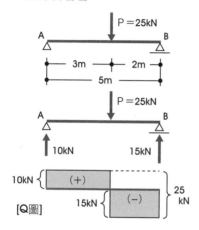

如果集中荷重不是施加在中央，而是施加在偏離中央的位置，我們能夠推斷，反力和應力圖不會是左右對稱的。

利用對B支點的力矩的平衡來求反力，則

$R_A \times 5m - 25kN \times 2m = 0$

$R_A = 50kNm/5m = 10kN$

$R_B = 25kN - 10kN = 15kN$

只要知道了反力，就能畫出剪力圖。

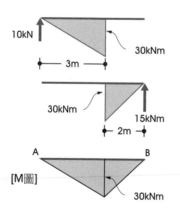

接著是彎矩圖。首先看由左側的反力（$R_A = 10kN$）產生的彎矩。與支點A距離 ℓ m的位置的彎矩大小會是$R_A \times \ell$ m＝$10kN \times \ell$ m，在3m的位置的彎矩大小為$10kN \times 3m = 30kNm$。

而同一位置由右側的反力（$R_B = 15kN$）產生的彎矩為

$15kN \times 2m = 30kNm$

兩者的彎矩在此位置上相等。

因此整合兩者，可以得到如左邊最下面的M圖。

接著，將簡支梁三等分，在等分的位置，分別施加P＝20kN的集中荷重，請分析此時的各應力。

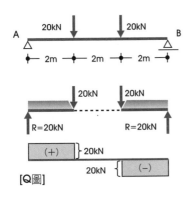

支點的反力分別是20kN（水平反力為0）。

【Q圖】

立刻繪製如左圖的剪力圖（Q圖）。有兩組力偶存在，且兩者的轉動方向相反，因此大小（Q＝20kN）雖相等，但正負符號不同。

在中央部位不存在力偶，所以剪力為0。

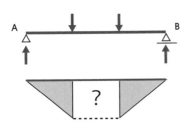

【M圖】

接著繪製M圖。從前一題可知，分別求出A、B兩端的反力力矩後，承受集中荷重之點的彎矩為

M＝20kN×2m＝40kNm

問題在於，中間部位是否可以如上圖般以虛線連結起來？若這麼做是正確的，則中央部位的彎矩就會維持在40kNm。利用計算來驗證，正中央的彎矩為

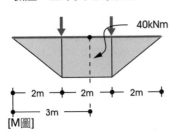

M＝20kN×3m－20kN×1m
　＝40kNm

也就是說上述想法是正確的。

增加集中荷重數,試解之。

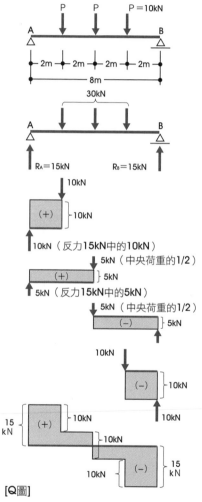

在本題中,有三個集中荷重呈等間距作用(各 P = 10kN)。此種荷重形態,常常發生在支承屋頂短柱的梁上。

首先來看反力。總荷重(ΣP)為

$\Sigma P = P \times 3 = 10kN \times 3 = 30kN$

因此左右端的反力各為30kN的一半,也就是

$R = 30kN/2 = 15kN$

在繪製剪力圖時,針對正中央的荷重,可想成左右的反力各支承5kN。而在承受集中荷重的位置,因為剪力成因的力偶變小,所以剪力也會跟著變小。

分析時,針對15kN的反力所形成的剪力,不要將15kN以完整的力來思考,而要將之視為是由10kN的反力(所形成的力偶),以及正中央荷重一半5kN的反力(所形成的力偶)兩部分所組成,分別處理後,最後再整合起來。

過程依序如左,最後會得到左下的剪力圖。

終於完成此題的剪力圖,雖然這種剪力圖圖形前面未曾出現過,但絕對是正確的。

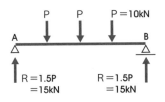

接著來挑戰彎矩圖的繪製。M圖也一樣，和之前所看過的圖形都不同。

如果覺得同時處理三個集中荷重過於複雜，可將之分成兩部分來分析：（1）正中央集中荷重的彎矩圖、（2）左右兩集中荷重的彎矩圖。

（1）正中央集中荷重
反力在左右兩支點的大小各為荷重的1/2，即R＝5kN。正中央部位的彎矩大小為，
$$M = R \times \ell/2 = 5kN \times 4m$$
$$= 20kNm$$

（2）只有左右兩集中荷重時
反力各為10kN。該反力和集中荷重在荷重作用點形成的彎矩大小為，
$$M = 10kN \times 2m = 20kNm$$

整合以上兩者結果，可得左側最下方的M圖。

遇到這種複雜荷重條件時，應盡量在分析時，將之拆解為較單純的條件，最後再將結果整合（合成），這種分析方式很常見。

（1）正中央的集中荷重

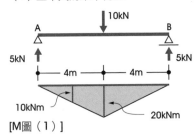

[M圖（1）]

（2）左右兩側集中荷重

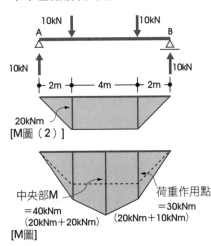

[M圖（2）]

中央部M
＝40kNm
（20kNm＋20kNm）

荷重作用點
＝30kNm
（20kNm＋10kNm）

[M圖]

簡支梁上同時有水平荷重與垂直荷重作用，請分析此時的簡支梁。

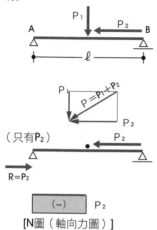

如左圖，在本題中，垂直荷重P_1與水平荷重P_2同時作用於簡支梁的中央部位。

此題的重點在於，不需要去求P_1與P_2的合力。也就是說，不要去求P_1與P_2的合力。雖然利用力的平行四邊形法可以很容易地求出合力，但在這題中，並不需要求出合力。

從斜向荷重P分解出水平荷重與垂直荷重，才是此題分析的正確處理順序，而不須求出合力。

先看只有P_2（水平荷重）作用時的情形。在A端會有水平方向的反力產生，而中央部位和A端之間會有軸向力產生。

只有P_2作用時，不會有剪力和彎矩產生。

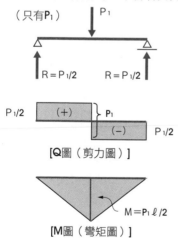

接著看只有P_1（垂直荷重）作用時的情形。兩支點的反力分別為荷重的$1/2$（$R = P_1/2$），因此剪力圖如左圖。而彎矩圖則是中央部位（荷重作用點）的彎矩最大，大小為

$$M = P_1 \times \ell/2$$

上述的分析過程並沒有使用具體的數字，僅利用代號來求應力圖和彎矩大小，您必須熟練這種分析方式。

到目前為止的題目，簡支梁所承受的都是由上往下的垂直荷重，接下來則要分析簡支梁承受由下往上垂直荷重的情形。

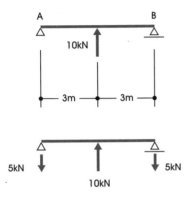

接著來求這根梁所產生的應力。

由於承受由下方往上方施加的荷重，所以反力的方向是向下，在支點會產生向下的反力，以對抗梁從下往上抬的力。

這一題來說，除了反力的方向與前面各題不同，並沒有特別困難的地方。由於是施加在梁中央部位的集中荷重，所以兩端的反力各是集中荷重的1/2。

【N圖】
軸向力為0（因沒有水平荷重存在）。

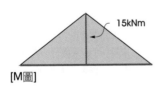

[Q圖]

【Q圖】
關於剪力，由反力和荷重形成的力偶，左右各為5kN。可藉力偶的方向，避免弄錯正負符號。

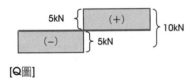

[M圖]

【M圖】
圖形畫在構件的彎拱方向側（此為梁的上側）。中央部位的值最大，大小為
M＝5kN×3m＝15kNm

接著來挑戰更複雜的簡支梁。同樣將簡支梁分成三等分,在兩個等分的位置承受有集中荷重,但其中一個集中荷重為不同的方向。

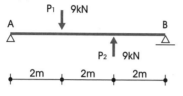

若單純將兩個集中荷重加起來,9kN－9kN＝0kN,代表 P_1 與 P_2 是一對力偶。此時如何求反力呢?

其中一種做法是,分成兩部分來求反力:(1)只有 P_1 作用在簡支梁時的反力、(2)只有 P_2 作用在簡支梁的反力,然後再將(1)、(2)的結果合起來。這是常用的方法。

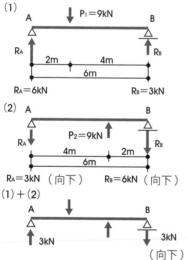

(1)如左圖,只有 P_1 作用時,對支點B的力矩相等,

$R_A \times 6m － 9kN \times 4m ＝ 0$

$R_A ＝ 36kNm/6m ＝ 6kN$

$R_B ＝ 9kN － 6kN ＝ 3kN$

(2)同樣地,只有 P_2 作用時,

$－R_A \times 6m ＋ 9kN \times 2m ＝ 0$

$R_A ＝ 18kNm/6m ＝ 3kN$

$R_B ＝ 9kN － 3kN ＝ 6kN$

(1)＋(2)

$R_A ＝ 6kN － 3kN ＝ 3kN$

$R_B ＝ 3kN － 6kN ＝ －3kN$

(向下)

當遇到類似這種有多個荷重作用的情形,與其同時考慮多個荷重進行分析,不如上述一般,先分別分析,再將結果加總起來。以結果而言,雖然都能夠得到相同的解答,但是,以簡單的方法進行分析,發生錯誤機會就會比較小。

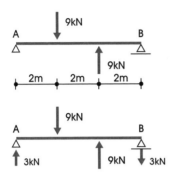

不過，由於此題難度不高，還可以同時考慮三個荷重來進行分析。亦即，

$R_A \times 6m - 9kN \times 4m + 9kN \times 2m = 0$

$R_A = （36kNm - 18kNm）/6m$
$= 18kNm/6m = 3kN（向上）$

$3kN - 9kN + 9kN + R_B = 0$

$R_B = -3kN（向下）$

可得到同樣的R_A、R_B。

這個結果，表示由P_1和P_2所形成的力偶大小（9kN×2m＝18kNm），與由反力R_A和R_B形成的力偶大小（3kN×6m＝18kNm）相等，且兩者方向（轉動方向）相反，所以荷重與反力達到了平衡。

對於多個荷重的結構，將荷重分割，化為容易分析的形式，最後再將結果加總起來。這種手法不僅能夠用在求反力，也能夠用來解應力。只要分別分析出當P_1單獨作用時，和P_2單獨作用時的剪力和彎矩，然後再將結果相加，就能得到應力的解答。

【Q圖】

那麼，我們就來試著以這種方法來繪製剪力圖。首先，重點在於將9kN的集中荷重分割成6kN與3kN，兩個荷重。

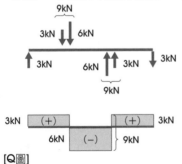

[Q圖]

荷重分割後如左圖。左側有3kN的力偶，中央部位有6kN的力偶，在右側則是3kN的力偶。

這時請注意剪力的正負。只有中央部位是負的，左右兩側則是正的。利用順時針方向或逆時針方向來進行正、負判斷。

畫出來的剪力圖（Q圖）如左所示。

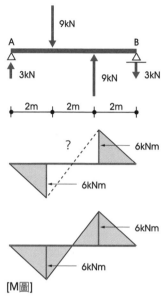

【M圖】

　　接著來繪製彎矩圖。這種彎矩圖同樣不容易讓人預想形狀。

　　首先，利用由支點A、B的反力（3kN）產生的彎矩，畫出支點A、B到集中荷重承受點處的彎矩圖（最大值為 M ＝ 3 k N × 2 m ＝ 6kNm）。由於支點B反力的方向向下，所以彎矩圖畫在上側。問題在於中間的部分，是否可以如左圖的虛線般，將兩邊連結起來？答案是可以的。梁的正中央的彎矩為，

　　$M_0 = 3kN \times 3m - 9kN \times 1m = 0$

所以可知是正確的。

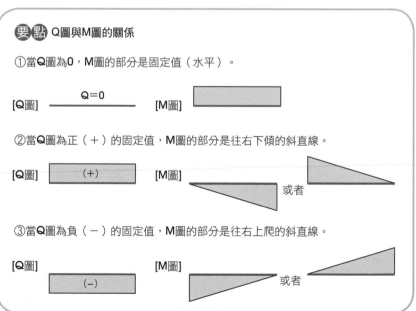

要點　Q圖與M圖的關係

①當Q圖為0，M圖的部分是固定值（水平）。

②當Q圖為正（＋）的固定值，M圖的部分是往右下傾的斜直線。

③當Q圖為負（－）的固定值，M圖的部分是往右上爬的斜直線。

分析承受力矩荷重的簡支梁。

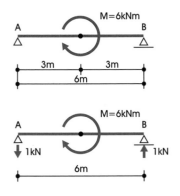

[Q圖]

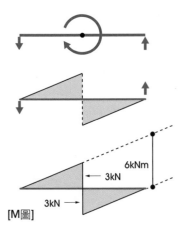

[M圖]

我們在前一題中，已經分析過承受力偶的簡支梁，可作為分析此題的參考。

如左圖，簡支梁的正中央，承受有一力矩荷重（M＝6kN）。

由於反力會和力矩荷重達成平衡，故反力為逆時針方向的力偶。大小則為，

R＝M/ℓ＝6kNm/6m
　＝1kN

（A端的反力向下，B端的反力向下）

【Q圖】

A端和B端的反力兩者形成力偶，所以整根梁的剪力是固定值（Q＝1kN）。因此Q圖如左圖所示。

【M圖】

接著來看彎矩圖。這次同樣也是利用左右兩端的反力R所形成的力矩，來繪製彎矩圖。

兩個反力各自於中央部位，形成的力矩大小為M＝R×ℓ/2＝1kN×3m＝3kNm。將兩邊的上下端連結起來，就完成了M圖。這M圖的形狀還蠻有趣的，上下兩端的差值有6kNm（力矩荷重的值）。

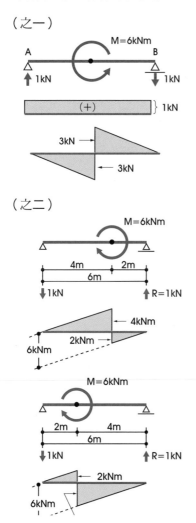

No.10

和上題一樣，試分析圖中承受力矩荷重的簡支梁。

　　首先是（之一）的荷重形態，和前題大致相同，但力矩荷重方向相反（逆時針方向為負）。

（之一）

（之一）

　　與前題的差別只在於力矩荷重方向相反，因此反力的大小如前題，但方向相反。

　　剪力圖的值同樣為1kN，但在此題為正值。彎矩圖與前題的彎矩圖上下相反。

（之二）

　　接著，看看將力矩荷重的位置往左右移位後會變得如何？

　　力矩荷重的位置就算偏移，反力（力偶）仍是不變。因此剪力也沒有變。

　　但彎矩圖卻會發生改變。亦即，在繪製彎矩圖時，分別從各反力畫到彎矩荷重的位置，再將上下兩端連結起來即可。

　　關於彎矩圖，力矩荷重的位置改變，只會使彎矩發生反轉的位置改變，但上下兩端的差值不變。

接著計算力矩荷重作用在各支點時的應力。

　　有人說，力矩荷重若是作用在梁兩端內側的位置，還容易理解，但力矩荷重作用在支點時，就令人難以理解。

　　但其實我們已經學過，如何求力矩荷重作用在支點時的反力。只要知道在反力形成的力偶會和力矩荷重達成平衡的前提下求反力即可。這和力矩荷重的位置無關。

　　只要求出反力，再接著逐步求出反力形成的力矩即可。

　　以下各圖為力矩荷重作用在支點時的M圖。力矩圖畫在梁的彎曲方向同側。

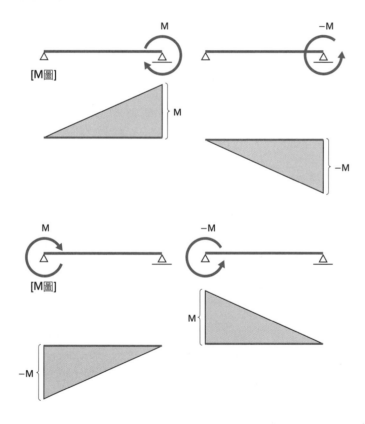

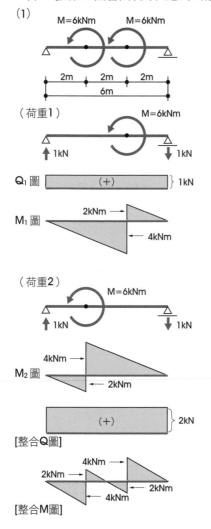

有多個力矩荷重作用在簡支梁時，又會是如何呢？

　　此時，先分別分析各力矩荷重的單獨作用情形，再將結果整合。Q圖和M圖會出現令人意外的形狀。

（1）如左圖，有兩個方向相同、大小相同的力矩荷重（M＝6kNm），作用在一根簡支梁上。

　　力矩荷重的反力，與其作用的位置無關，

　　R＝M/ℓ

因此，一個力矩荷重產生的反力為，

　　R＝6kNm/6m＝1kN

　　力矩荷重有兩個，共計2kN。反力形成力偶，力偶造成剪力，故此題Q圖的整根梁都是2kN。

　　M圖的繪製，則是將各力矩荷重所畫出來的M圖，整合至同一個M圖中。將各M圖中的力矩計算後，結果發現，正中央的力矩會成為±0。

　　在各個力矩荷重的作用點，力矩絕對值的合計值（差值），等於荷重的大小，即6kNm。

（2）如下圖，同樣有兩個力矩荷重作用在簡支梁上，但這次的例子是兩力矩荷重大小相等，但方向相反。這題也會出人意料的結果。

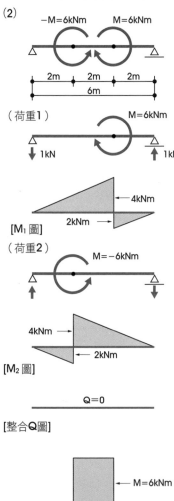

（2）

−M=6kNm　　M=6kNm

2m　2m　2m

6m

（荷重1）　　　　　M=6kNm

↓1kN　　　　　↑1kN

4kNm

2kNm

[M₁圖]

（荷重2）

M=−6kNm

4kNm

2kNm

[M₂圖]

Q=0

[整合Q圖]

M=6kNm

[整合M圖]

如左側最上圖，有一個與前頁相似、承受兩個力矩荷重的簡支梁，差別只在於左右兩力矩荷重方向不同。

看起來似乎沒什麼特別，但令人傷腦筋的是，左右二力矩荷重產生的反力，會彼此抵消變成0。

也就是說，雖然荷重實際在作用，但結果反力為0。

因此，這題並不存在反力的力偶，而整根梁的剪力皆為0。至於M圖，支點到荷重作用點之間都成為±0。

至於彎矩圖，則只有在中央部分（兩荷重作用點間的範圍）有彎矩產生，大小保持6kNm。

接著，分析承受均佈荷重的簡支梁。

　　觀察建築物裡的屋頂、地板等荷重形式，您會發現大多都是均佈荷重的作用。

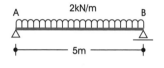

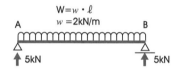

（置換）

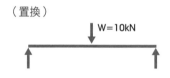

[置換Q圖]

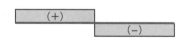

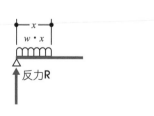

　　如左圖，每1公尺有2kN的等分佈荷重，作用在簡支梁上。

　　作用於梁上的總荷重W，可經由單位荷重（$w = 2kN/m$）與長度（$\ell = 5m$）的乘積而求出。

$$W = w \times \ell = 2kN/m \times 5m$$
$$= 10kN$$

　　因此左右端的反力各為5kN。到這一步為止還算簡單，但接下來就有點複雜。

　　目前為止，我們所遇到的集中荷重情形，反力和集中荷重間的荷重條件並不會變化，所以範圍內的剪力大小都是固定值。但是在這裡，荷重的作用位置，正負性會反轉（請參照左圖的置換Q圖）。

　　而在均佈荷重的情形中，距離支點（反力）愈遠，會有對應量的等分佈荷重逆向作用。若該距離為x，就會有$w \times x$的荷重逆向作用，我們該如何分析其影響呢？

我們先探討對剪力的影響。

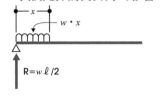

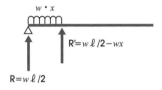

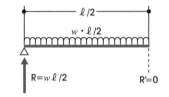

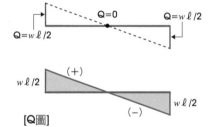

[Q圖]

令均佈荷重的大小為wkN/m，梁的長度為ℓm，則總荷重為W＝$w \cdot \ell$kN，反力為總荷重的1/2，即W/2＝$w\ell$/2kN。當與支點的距離為x，該範圍的均佈荷重會是$w \cdot x$。

這代表什麼意思呢？即若支點往內側移動x的距離，那麼反力就會減少$w \cdot x$（這只是假設）。

當反力變小，剪力也會相應地減小。以式子表示則為，

R'＝$w\ell$/2－$w \cdot x$

＝w（ℓ/2－x）

若使式子中的x逐漸增加，會變得如何？當x增加至ℓ/2，也就是到了梁的正中央時，ℓ/2－ℓ/2＝0，R'為0。

這個R'就是剪力。依照上述的探討，剪力會呈現直線性變化，所以可以畫出如左側最下方的Q圖。

接下來，我們來繪製彎矩圖。

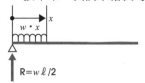

因為均佈荷重均等地施加在與反力相反的方向，所以彎矩也一樣要考慮其影響。也就是說，必須以由反力所產生的力矩，連續減去由均佈荷重所產生的反方向力矩。

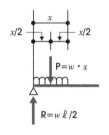

在此，我們將等分佈荷重置換成同等大小的集中荷重來計算，亦即置換為在$x/2$的位置有大小為$P = w \cdot x$的集中荷重。

故在距離支點（反力）位置，有 x 距離的點，其彎矩M值如下式。

$$M = R \cdot x - (wx) \times x/2 \quad (R = w\ell/2)$$
$$= R \cdot x - (w/2) x^2$$

我們將題目的$w = 2\text{kN/m}$、$\ell = 5\text{m}$代入，可得到下表。

x	0.0	0.5	1.0	1.5	2.0	2.5
$R \cdot x = 5\text{kN} \cdot x$	0.00	2.50	5.00	7.50	10.00	12.50
x^2	0.00	0.25	1.00	2.25	4.00	6.25
$(w/2)x^2$	0.00	0.25	1.00	2.25	4.00	6.25
$M = Rx - (w/2)x^2$	0.00	2.25	4.00	5.25	6.00	6.25

M圖為如下圖般的二次曲線圖。

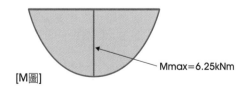

[M圖] Mmax=6.25kNm

到目前為些，我們做了非常多簡支梁的題目，接下來的目標則是要挑戰「懸臂梁」。

　　所謂的懸臂梁，就是只有一端（固定端）受到支承，而另一端（自由端）未受到支承的梁。

　　理所當然的，未受支承的一側，不會產生反力。因此，雖然只有固定端會產生反力，但重點在於該固定端會產生力矩。

　　該反力的力矩，會對懸臂梁的應力造成什麼樣的影響呢？這問題就是分析懸臂梁的關鍵。

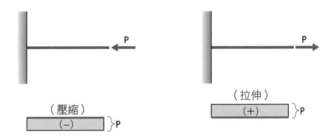

　　如上圖，在懸臂梁中，在沿軸方向有荷重作用時，就會依荷重的方向而有壓縮或拉伸的應力產生。壓縮的應力為負值，拉伸的應力為正值。

　　這時，固定端會產生方向與荷重相反，大小相等的反力。

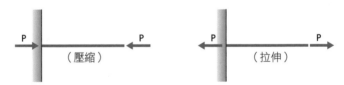

　　由於懸臂梁不像簡支梁，沒有支承端和移動端的分別，所以比較簡單。至於其他的應力（如剪力、彎矩），在這裡不會產生。

接著請分析有集中荷重（垂直方向）作用的懸臂梁。

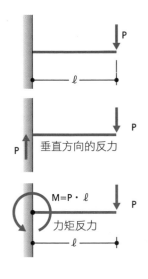

如左圖，集中荷重P作用在懸臂梁的前端（自由端）。懸臂梁的長度為 ℓ。請務必熟悉像這種題目，並不具體指明荷重的大小和長度，而是用P、ℓ 等符號來解題。

首先求反力。相對於垂直荷重P，固定端會有大小為P，方向相反（向上）的反力。此外，因為垂直荷重P，在固定端會產生力矩M＝P×ℓ，所以還會在固定端產生方向與該力矩相反的力矩反力M。

在這些條件下，軸向力不會產生，所以N圖為0。

接著，由垂直荷重與反力形成的力偶，產生了剪力Q＝P。順時針方向，為正值。

[Q圖]

接著請繪製彎矩圖。在距離集中荷重P的自由端（前端）為x 之處的彎矩為P・x。而在固定端，由於$x＝\ell$，亦即M＝P・ℓ，與反力的力矩達到平衡。

梁會朝上方彎拱，所以M圖要畫在上側。

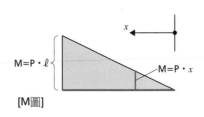

[M圖]

接下來會對各種集中荷重作用於懸臂梁的不同情形，進行一些探討。

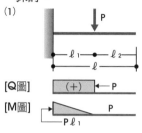

（1）如左圖，有集中荷重P作用在懸臂梁上。此時，由於自由端側不會有任何反力產生，所以我們可以忽略自由端。也就是說在我們可以當做是在分析一根固定長度（假設長度為 ℓ_1）的懸臂梁。

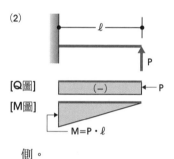

（2）如左圖，有一方向與上述相反（從下向上）的集中荷重，作用在懸臂梁上。

此時，由荷重與反力形成的力偶，方向也會相反，所以必須注意剪力的值會變成負（逆時針方向）。

至於彎矩圖，由於梁的彎曲方向改變，所以M圖畫在下側。

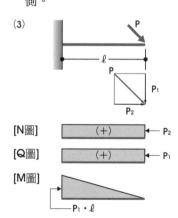

（3）如左圖，有一斜向作用的集中荷重作用在懸臂梁上。此時，將集中荷重P分解成水平方向的分力 P_2 和垂直方向的分力 P_1 後再分別進行分析即可。

N圖能夠利用水平分力畫出，Q圖和M圖能夠利用垂直分力畫出。

現在，請分析有力矩荷重M作用於懸臂梁的情形。

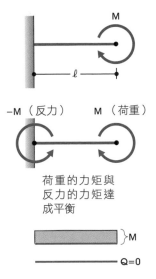

荷重的力矩與反力的力矩達成平衡

首先必須求反力。若是簡支梁，在兩個支點分別會產生反力，所以會利用這兩個反力形成的力偶和荷重力矩的平衡來進行解題。若是懸臂梁，反力只會在固定端產生，因此這裡無法以簡支梁的方法來解題。但由於簡支梁的固定端存在反力的力矩，所以我們就利用其平衡條件來進行分析。

由於此題的情形既不會有水平反力產生，也不會有垂直反力產生，所以N圖和Q圖都是0。M圖則是固定值（力矩荷重的大小）。

下圖中表示，力矩荷重的方向與位置不同，M圖就會發生變化。

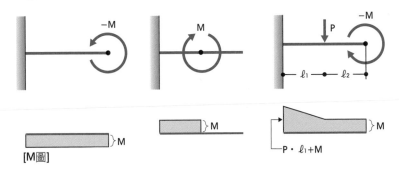

接著，試分析一根懸臂梁上有兩個力矩荷重作用時的情形，這種荷重形態的難度比較高。

先說明這種荷重形態的分析原則，就是先分別針對兩個力矩荷重，各繪製出M圖，再將兩者合成，與簡支梁的解法類似。
等到您熟悉這個方法，就算不特地針對各個力矩荷重繪製M圖，相信也能直接繪製出完整的M圖。
以下舉一些例題。

（1）$M_1 = -M_2$

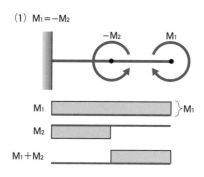

（1）懸臂梁上有兩處力矩荷重的作用。兩力矩荷重的大小相等，但方向相反。
第一步先分別畫出只有M_1作用的M圖，以及只有M_2作用的M圖。接著整合兩者，繪製$M_1 + M_2$的M圖。
從M_2的作用點到固定端的範圍，由M_1與M_2各自造成的彎矩的大小相等、正負相反，所以會彼此抵消，成為± 0。
在此狀況下，固定端不會產生反力。

（2）$M_1 = M_2$

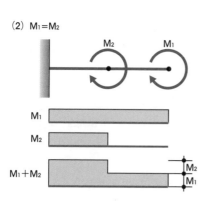

（2）懸臂梁上有大小、方向相等的兩力矩荷重作用。此時，由於兩力矩荷重都是正力矩，所以兩者相加，得反力為$M_1 + M_2$。

接著，我們來說明，同樣是承受兩個力矩荷重，但不僅方向（正負）不同，大小也不同，此時又會是怎樣的情形？

　　分析的方法可以採用與前頁所述相同的方法，分別畫出各M圖，再將所有M圖整合起來，但各力矩荷重的大小不同時，M圖的形狀就會出現變化。

(1) $|M_1| > |M_2|$

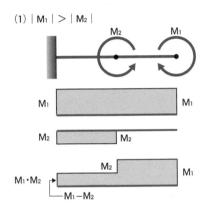

　　（1）如左圖，力矩荷重M_1（順時針方向為正）與力矩荷重M_2（逆時針方向為負）作用於懸臂梁。兩力矩荷重（絕對值）的關係是M_1大於M_2。

　　此時，從自由端到M_2的作用點範圍，會產生M_1大小的彎矩，從M_2的作用點到固定端的範圍會產生M_1-M_2大小的彎矩。反力的大小為M_1-M_2。

(2) $|M_1| < |M_2|$

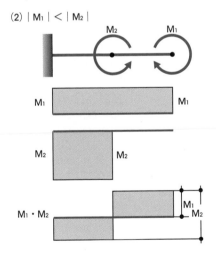

　　（2）若令上述（1）中的力矩荷重關係為M_2比M_1大，則從M_2的作用點到固定端的範圍，力矩荷重相減值M_1-M_2是負值，所以M圖是畫在下側。反力為M_1-M_2。

No.17

這次來挑戰有均佈荷重作用的懸臂梁。

關於均佈荷重，我們已經分析過簡支梁的狀況，所以請以復習的心情進行吧。

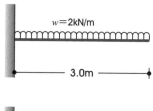

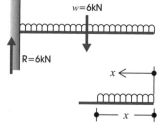

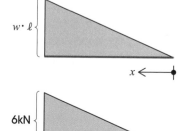

[Q圖]

如左圖，懸臂梁上有均佈荷重（$w=2$kN/m）的作用。

首先求出反力。由於懸臂梁只有固定端會產生反力，所以亦由固定端支承總荷重。

總荷重W為，

$$W = w \cdot \ell = 2\text{kN/m} \times 3\text{m}$$
$$= 6\text{kN}$$

【Q圖】

但我們無法從出的反力立即畫出剪力圖，因為等分佈荷重與集中荷重不同，從前端（自由端）看，荷重是隨著梁的長度（x）在增加，呈現直線性的變化。

這造成剪力在懸臂梁中是會變化的。剪力在前端（自由端）的值為0，呈現直線性增加，在固定端的值為$w \cdot \ell$，即，

$$Q = 2\text{kN/m} \times 3\text{m} = 6\text{kN}$$

與反力R（6kN）相等。

【M圖】

雖然畫出Q圖，但M圖的繪製就沒這麼簡單。因為在固定端並不只有垂直方向的反力，還會產生力矩的反力，而力矩的反力也必須求出來。

在簡支梁中，可以藉由求支點的反力，從反力的力矩畫出M圖。但在懸臂梁中，由於自由端並不產生反力，所以就必須用其他的方法。

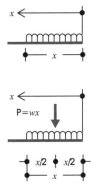

在距離前端x的位置，這段距離的荷重大小為$w \cdot x$。將該荷重結合成集中荷重（$P = w \cdot x$），並視其作用於等分佈荷重的中心（距離前端$x/2$的位置）。

此時的x點處的彎矩為，

$$M = P \cdot \ell = (wx) \times x/2 = wx^2/2$$

將梁的長度代入x，

$$M = w\ell^2/2 = 2kN/m \times (3m)^2/2$$
$$= 9kNm$$

求得反力的力矩為9kNm。

M圖為$M = wx^2/2$的二次曲線圖，繪製成如左下圖。

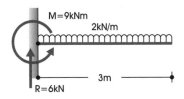

M=9kNm
2kN/m
3m
R=6kN

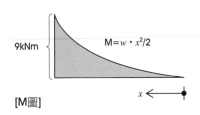

9kNm
$M = w \cdot x^2/2$
x

[M圖]

No.18

　有一種梁稱為「外伸梁」，形狀像簡支梁，只是梁的端部會比簡支梁的支點更往外延伸，荷重並會作用在外伸的部分。

　此種外伸梁也一樣，只要支點的反力數有三個，就能夠用力的平衡來解題。

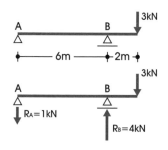

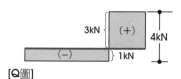

[Q圖]

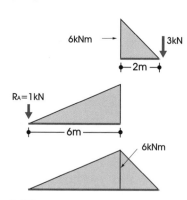

[M圖]

　左圖的梁就是外伸梁的一種。荷重的位置是落在支點外側，可用力的平衡來求出反力。

　利用對A點的力矩平衡，
$R_B \times 6m - 3kN \times 8m = 0$
$R_B = 24kNm/6m = 4kN$
$R_A = 3kN - 4kN = -1kN$
（向下）

【Q圖】

　只要求出反力，再利用反力與荷重的關係，就能繪製出如左圖的Q圖。

【M圖】

　以B點作中心，利用荷重‧反力（R_A）求出彎矩，在B支點共有6kNm，因而能畫出如左側最下方的M圖。

　這就像是把外伸的部分，當作是懸臂梁來分析。

參考 應力圖的繪製法與觀圖要訣

　　簡支梁和懸臂梁僅憑「平衡條件」即能求解，這種結構物稱為「**靜定結構物**」。前面已分析過許多例子，所以現在開始，我們要「總結」，說明從這些應力圖可以看出什麼，繪製應力圖的要訣等等。

　　前面提過幾次，如果是遇到複雜的荷重條件，繪製應力圖時可以先分解成簡單的荷重條件，最後再整合起來。因此這裡我們還是從基本開始挑戰。

（1）軸向力圖（N圖）

　　沒有荷重施加在軸的方向，就不會產生軸向力。軸向力的種類只有壓縮（負）與拉伸（正）2種，由於軸向力位於作用線上，所以能夠直接地進行軸向力的加減。

壓縮使構件短縮，所以是負

拉伸使構件伸長，所以是正

　　問題在於產生在簡支梁的軸向力正負。由於水平反力不會產生在移動端，只會產生在支承端，所以軸向力的正負，會因支承端與水平荷重作用點的關係而有不同。

（2）承受集中荷重的簡支梁的Q圖與M圖

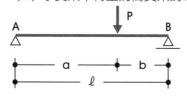

如右圖，有一集中荷重P作用於簡支梁。此時，在A、B兩支點產生的反力的大小和荷重作用的位置有關，

$$R_A = \frac{b}{\ell} \cdot P$$

$$R_B = \frac{a}{\ell} \cdot P$$

【Q圖】

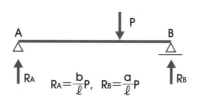

端點的反力會和集中荷重形成力偶，力偶會形成剪力，剪力的正負值依其方向而定。

剪力（正）：順時針方向
剪力（負）：逆時針方向

在集中荷重的作用點，剪力合計值等於集中荷重的大小，這是因為反力的合計值等於集中荷重的大小。

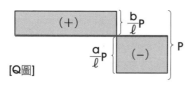

[Q圖]

【M圖】

彎矩由反力的力矩所產生，左右兩支點的反力所產生的力矩，在集中荷重的作用點相等。亦即，

$$\frac{b}{\ell}P \times a = \frac{a}{\ell}P \times b$$

在M圖裡，剪力較小的部分的斜度會較緩，剪力較大的部分的斜度會較陡。剪力的正負會使傾斜的方向改變。

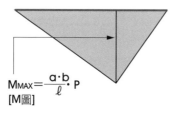

$$M_{MAX} = \frac{a \cdot b}{\ell} \cdot P$$

[M圖]

（3）承受力矩荷重的簡支梁的Q圖與M圖

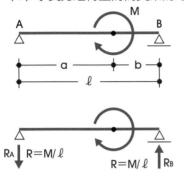

如左圖，有一力矩荷重M作用於簡支梁，此時的反力為了和力矩荷重所產生的轉動形成力矩的平衡，因此必須是與力矩荷重轉動方向相反的力偶。此力偶的大小為，

$$M = R \cdot \ell$$

反力的大小為固定值，與力矩荷重的作用點無關（此處令力矩荷重的位置在兩支點間，也可位在支點上。）

[Q圖]

【Q圖】

反力的力偶方向是依力矩荷重的方向而定。為了達到力的平衡，反力的力偶會朝相反的方向。

由於反力本身就是力偶，所以兩反力間（梁的全長）整個範圍的剪力值是固定的。大小為M/ℓ。

【M圖】

彎矩由反力的力矩所產生，將M圖從兩支點到力矩荷重的作用點畫出。

在力矩荷重的作用位置，會出現很大的上下差距，差距為M。M圖的斜率隨剪力的大小改變。

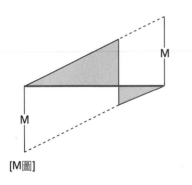

[M圖]

（4）承受均佈荷重的簡支梁之Q圖與M圖

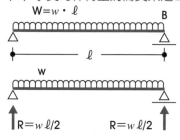

簡支梁承受均佈荷重w時，其總荷重W為

$$W = w \cdot \ell$$

因此反力為總荷重的1/2，亦即

$$R = w\ell/2$$

【Q圖】

距離A支點，有距離x的點，剪力Q為

$$Q = R - w \cdot x$$

也就是說，剪力為直線性變化，且正中央為0。

以同樣的方法，從B端繪製Q圖，兩邊會在正中央連接起來。

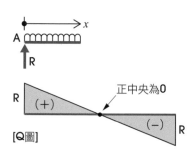

[Q圖]

【M圖】

彎矩能夠由反力R產生的力矩，以及由等分佈荷重產生的力矩（相反方向），兩者之差來求得。

亦即在x點的彎矩，大小為

$$Mx = R \cdot x - (w \cdot x) \times \frac{x}{2}$$

$$= Rx - \frac{w}{2}x^2$$

如上，為二次曲線。在$x = \ell/2$（梁中央）的點，彎矩值最大（$w\ell^2/8$）。

剪力為直線變化時，彎矩圖為二次曲線的圖。

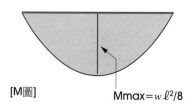

[M圖]　Mmax=$w\ell^2/8$

（5）承受集中荷重的懸臂梁的Q圖與M圖

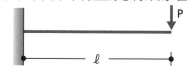

懸臂梁的一端為固定端，另一端為自由端。固定端除了水平反力、垂直反力，還有力矩反力產生。另一方面，在自由端則不會產生反力。

如左圖，一懸臂梁的前端有一集中荷重作用。

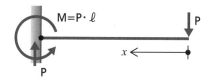

此時，無軸向力產生，有剪力和彎矩產生。

【Q圖】

在固定端會產生和集中荷重P大小相同、但方向相反（向上）的反力，兩者形成力偶，因而產生剪力。

剪力的大小為和荷重・反力一樣大的固定值。剪力的正負由力偶的轉動方向決定。

【M圖】

產生的彎矩為$M = P \cdot x$，從集中荷重P的位置朝向固定端隨著距離變化。在固定端，$M = P \cdot \ell$，這裡的彎矩最大。

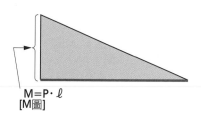

同樣的，剪力若為固定值，彎矩也會呈現直線性變化。亦即會是一具有固定斜率的M圖。

（6）承受力矩荷重的懸臂梁的Q圖與M圖

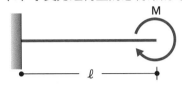

如左圖，有一力矩荷重作用於懸臂梁。

懸臂梁的自由端不會有任何反力產生，而固定端會產生水平反力、垂直反力和力矩反力。

當力矩荷重作用於懸臂梁的前端時，在固定端會產生相同大小、轉動方向（正·負）相反的力矩作為反力。這兩個力矩使懸臂梁達到力學上的穩定。

$Q=0$

[Q圖]

【Q圖】

懸臂梁中會產生反力的支點，只位於固定端，因此不會像簡支梁一樣，由反力形成力偶。

也就是說，沒有力偶就不會產生剪力。由於$Q=0$，所以沒有剪力圖。

[M圖]

}M

【M圖】

荷重的力矩與反力的力矩，作用於梁，結果會使梁發生彎曲，因此，彎矩圖畫在彎曲方向同側。

剪力為0代表的意義是M圖沒有斜度，彎矩為固定值。

（7）承受均佈荷動的懸臂梁的Q圖與M圖

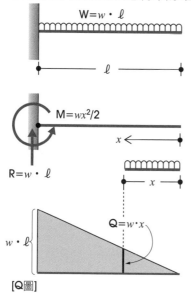

如左圖，等分佈荷重w作用於長度l的懸臂梁，此時的總荷重為
$$W = w \cdot \ell$$
垂直反力R則為
$$R = W = w \cdot \ell$$

【Q圖】

在距離自由端為x的位置，剪力Q等於至該位置的所有荷重，
$$Q = w \cdot x$$
亦即剪力是直線變化（增加），在固定端時會達到最大值（$w \cdot \ell$），此值和反力的大小一致。

【M圖】

距離自由端為x的彎矩，其值大小為
$$M = (wx) \times x/2 = wx^2/2$$
固定端的彎矩為$w\ell^2/2$，與反力力矩一樣大。若剪力為直線性變化，彎矩就會是二次曲線圖。

▶求建築結構物的外力、內力、反力（part2）

在力學領域中，求建築結構物的外力、內力、反力，稱為「**分析結構物**」。所謂的**外力**，指的是施加在建築物的力，如自重、裝載荷重、積雪荷重等作用於垂直方向的力，以及地震力、風壓力等作用於水平方向的力。

建築物在這些外力的作用下，仍能穩定地處於靜止狀態，是因為有支承建築物的**反力**（如地盤的承載力等）。同時還因為有內力將外力傳遞至產生反力的支點。內力是在柱子、梁等構件內部產生的力。

產生反力的支點有**移動端、轉動端、固定端**3種，是以在支點產生的反力數來區分。

▶求梁內部產生的主要應力（part3）

在結構構件的內部產生的應力，種類有**軸向力**（壓縮・拉伸）、**彎矩、剪力**三種。

一般來說，**柱子**會產生軸向力（壓縮），但不會發生彎曲和剪切。另一方面，**梁**主要發生的則是彎曲和剪切。這是因為地球的重力是作用於垂直方向，因此必然會有這些現象產生。

建築物的結構構件中，**最容易出現損壞的原因為彎曲和剪切**，也因此我們必須嚴格地分析評估梁內部產生的彎矩與剪力（正確無誤地求出其值）。

由於不同的支點組合形態，而有許多種不同的梁，其中最容易進行力學分析的是「**簡支梁**」和「**懸臂梁**」。學習如何正確地求出這些梁的彎矩和剪力，是非常重要的。

為此，本書從第93頁～第129頁列舉了豐富的練習問題，並詳細說明如何分析的方法，請讀者務必多加練習。

Part

4

桁架的原理與解題法

4.1

什麼是桁架（Truss）？

　　查字典裡關於**桁架**（Truss）的解釋，也只有記載為「一種骨架結構的形式」，這樣說還是無法瞭解究竟什麼是桁架。英文百科全書裡面記載桁架是「屋頂的構架」，現在您有點頭緒了嗎？桁架就是一種**三角形構架**。

　　在建造建築物時，重點在於如何裝設不會崩塌的屋頂。雖然搭建多一點柱子來支撐也能解決這問題，但柱子太多會變成妨礙。從力學的觀點發展出來的絕佳解決方案，就是屋頂桁架。屋頂桁架就如同它的別名「**三角桁架**」，是以三角形的構架（frame）所組成。

　　桁架在力學上的優點，在於它的構件「**只會產生拉伸應力或壓縮應力**」，如同前面在Part3中所學過的，在各種應力種類中，若只會產生屬於**軸向力**的「拉伸與壓縮」，就代表**不會產生剪力和彎矩**。

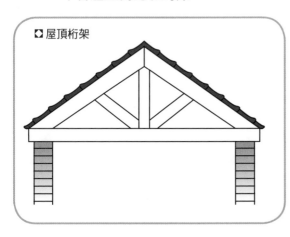

❖屋頂桁架

　　由於軸向力的作用沿著作用線，所以能夠直接進行加減運算。如此一來，既無剪力和彎矩，加上計算簡單，所以桁架的分析簡單多了。

　　那麼，三角桁架的秘密究竟如何？接下來我們要說明桁架的要點。

4.2

三角形桁架可使力分散

　　三角形桁架的力學秘密，在於構件上沒有會造成彎曲和剪切的荷重，由於桁架的結構，會讓所有**荷重只作用在節點（三角形頂點）**上。因此，在結構構件中只會產生壓縮、拉伸的軸向力。

　　為何只會產生軸向力呢？這是因為作用在三角形頂點（節點）的荷重，力可沿三角形的兩邊分解。由於分力只會沿三角形的邊（軸）方向產生，所以在構成**三角形的軸組（構件）中，只會產生軸向力（拉伸、壓縮）**，因此桁架真是一種了不起的發明。

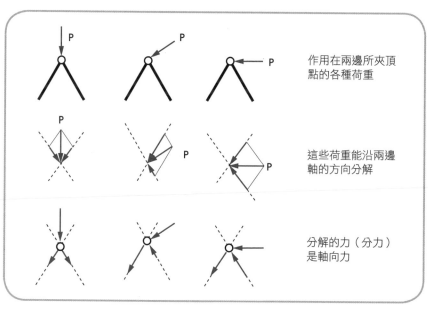

作用在兩邊所夾頂點的各種荷重

這些荷重能沿兩邊軸的方向分解

分解的力（分力）是軸向力

4.3

三角形是最穩定的形狀

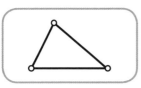

三角形的構架除了能夠將施加在節點的荷重沿軸方向分解，三角形的形狀本身也是最穩定的形狀。由三根構件連接組成的三角形構架，無論從什麼方向施力，都不會變形，**是最穩定且簡單的形狀**，因此三角形構架是所有建築架構的基礎。

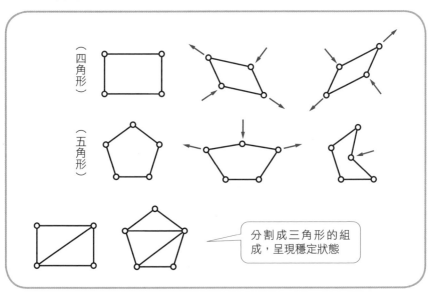

（四角形）

（五角形）

分割成三角形的組成，呈現穩定狀態

如上圖，在四角形和五角形架構中，施加在頂點的力會使形狀變形而造成結構的不穩定。但只要藉由增加構件，可分割成三角形的組合，因為三角形不會變形，所以整體就會變得穩定。

4.4

各種桁架種類

　　下圖中顯示各種桁架的例子，每一個都是以三角形架構為單位而組成。

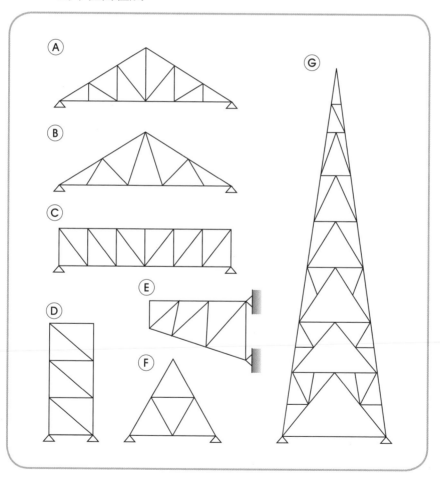

4.5

桁架的分析

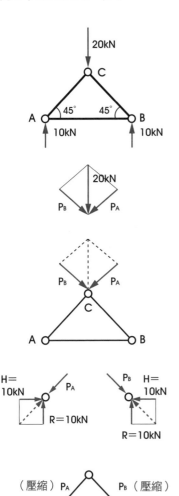

接著我們就來實際進行桁架的分析。分析桁架，指的是求桁架構件內部作用的內力（應力）。

有一垂直荷重（P＝20kN）作用於左圖三角形桁架的C節點。此時，在A、B兩支點各有10kN的反力產生。以此為前提來進行分析。

首先，將荷重20kN沿斜構件方向分解，分別令之為P_A、P_B。其中，P_A 朝向支點A，P_B 朝向支點B。因此，作用於三角形的頂點C的荷重就分散成為構成三角形構件的軸向力。

在A、B兩支點，有軸向力PA、PB作用。已知垂直反力為10kN，會與水平反力（10kN）共同對抗軸向力。

如上述，作用於三角形頂點的荷重，由三角形的構件分擔。

4.6

以力線圖表示

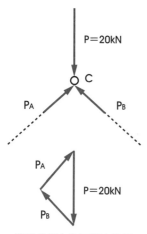

節點位置力的平衡力線圖

我們對桁架的原理已經有初步的了解，接下來要深入思考各節點位置力的平衡。作用於**節點的荷重能夠分散至構件的軸向**，代表在該節點產生了力的平衡。

以前頁的例子來說明，斜構件所產生的壓縮力P_A、P_B，在荷重P所作用的C點和荷重P達到力的平衡。

因此，如左圖般以力線圖表示，**力線圖呈封閉狀，可知達成力的平衡**。

這暗示了一件事，即我們能夠反過來藉由繪製封閉的力線圖，而從圖形判讀在構件產生的軸向力的大小及方向。這時繪製力線圖有一個要訣，就是以節點為中心**繞順時針方向繪製**。

在左圖中，由於已知荷重P＝20kN，故先畫出荷重P。接著，以C節點為中心繞順時針，會碰到構件CB，所以從P的前端依構件BC方向畫線。接著再從P的尾端照著構件CA方向畫線。如此，兩線相交出一個交點，而能畫出P_A、P_B的箭頭。

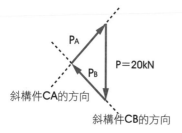

斜構件CA的方向

斜構件CB的方向

＊〔註〕節點的力的平衡，能夠繪製成沿箭頭的方向前進的封閉力線圖。

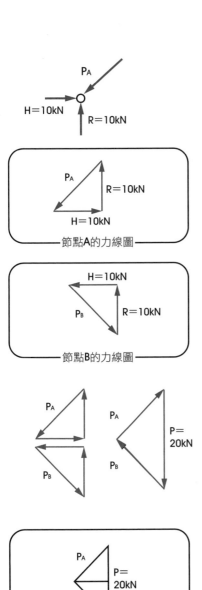

PA

H=10kN

R=10kN

節點A的力線圖

PA

R=10kN

H=10kN

節點B的力線圖

H=10kN

PB

R=10kN

PA

PB

PA

PB

P=20kN

PA

P=20kN

PB

疊加後的力線圖
（＊未標示箭頭）

接下來思考支點A力的平衡。由於斜構件上的應力是壓縮力，所以壓縮構件有PA作用於節點A。相對的，已知支點上的垂直反力為10kN，因此要與PA形成力的平衡，就需要水平反力10kN。

將這些反力畫成力線圖，可形成如左圖般封閉的圖形。關於力線圖的繪製，先畫出PA，然後依順時針依序連結水平構件、垂直反力。

同樣地，由於B節點與A點左右對稱，故其力線圖可繪成如左圖。

如上述，依照每個節點畫出力線圖後，可知各力線圖呈封閉，各節點達到力的平衡，只是各節點必須分別處理，感覺較為繁瑣。

如左圖，若將這些力線圖集合起來，可知都具有共同的長度、角度。因此若將這些力線圖疊加起來，就能組合成完整的一張圖。力線圖的整合，是力學發展的一大重要發現。

4.7

什麼是克里蒙納（力線圖）圖解法？

　　克里蒙納（Cremona）是一位著名結構力學學者，他**確立了一種利用圖形而非計算的方式來分析桁架系統**，也就是「力線圖解法」，這是一種以圖形求桁架構件產生之應力大小的方法。

　　使用力線圖解法，不需進行繁瑣的計算，只要利用圖形，套用力的平衡（力線圖）就能輕鬆求出應力。

　　我們以先前分析過的三角形桁架為例，來說明克里蒙納解法（**圖解法**）。

　　三角形桁架具有三個構件，此結構存在三處節點。在各節點處，荷重或反力和構件的應力會形成力的平衡，因此節點的力線圖是封閉的。

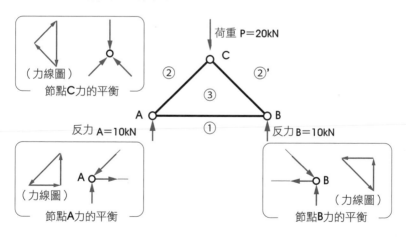

　　接著，替由荷重、反力或由各構件所劃分出來的**區域加上①、②、③等代號**。這些代號加在荷重、反力或構件的應

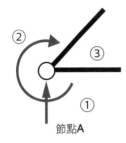

節點A

反力的代號

在斜構件產生
的應力的代號

在水平構件產生
的應力的代號

合成後

力，可方便我們指定代號。

　　而代號的指定，是分別以**各個節點為中心，依順時針方向**，從某一個區域繞至另一個區域時，看是哪個力或構件在劃分該兩區域，就可加上代號。並照著前後所經過的區域，依序將應力的箭頭線段尾端與前端，都加上區域的代號。

　　以A節點為例。反力造成區域①和區域②的分別，依順時針方向，是從區域①繞往區域②，故如左圖所示，沿箭頭方向加上①、②的代號。

　　接著，斜構件造成區域②和區域③的分別，依順時針方向，是從區域②繞往區域③，因此沿斜構件所產生的應力箭頭方向，加上②、③的代號。

　　最後，水平構件造區域③和區域①的分別，依順時針方向，是從區域③繞往區域①，因此沿水平構件所產生的應力箭頭方向，加上③、①的代號。

　　如上述所示，為A節點產生

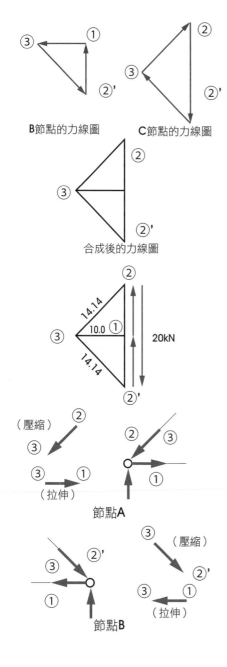

B節點的力線圖　　C節點的力線圖

合成後的力線圖

節點A

節點B

的反力、應力箭頭加上代號，並將相同代號連接在一起，就會產生如前頁左下圖有代號的力線圖。

B節點、C節點也以同樣方式，可繪製出有代號的力線圖，結果如左圖。其中可見有②'的區域，這是因為此桁架具有左右對稱的特性，為了表示與②相對，故不用④而使用②'。

三個加上代號的力線圖繪製出後，將相同代號的部位疊加在一起，就能合成一個力線圖，此時無須考慮箭頭的方向。

若作圖時依照荷重為20kN，反力為10kN的線段比例，水平構件上產生的應力則是10kN，斜構件所產生的應力則是14.14kN。

斜構件上的應力可以從圖形量得，也可以採如下的計算方式算出，

$(10kN)^2 + (10kN)^2 = X^2$

$X = \sqrt{200kN^2} = 14.14kN$

這裡的問題在於，此處應力屬於壓縮應力還是拉伸應

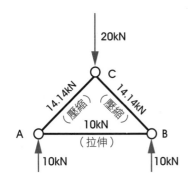

力？我們可從箭頭是否朝向節點來判斷。

若箭頭朝向節點是壓縮應力，若箭頭背向節點則是拉伸應力。

將上述說明加以整理，可得如左圖結果，成功求出桁架各構件的應力。

此時的重點在於，箭頭朝節點為**壓縮**應力，箭頭與節點呈反向則為**拉伸**應力。

需注意的是，此處箭頭並非表示構件，而是**節點力的平衡**。若把箭頭當作是構件，可能會有方向相反的感覺，但箭頭只是代表節點所受為壓縮應力或拉伸應力，請特別注意。

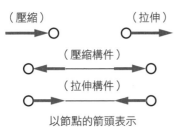

以節點的箭頭表示

要點 圖解法的整理

（1）將**荷重、反力**標到桁架圖裡

（2）為被荷重、反力或桁架構件劃分出的**區域加上代號**

（3）分別以各個節點為中心**繞順時針方向繪製力線圖**（從Ⓐ區域繞到 Ⓑ 區域時，沿箭頭方向加上代號變成 Ⓐ → Ⓑ ）。

（4）將各力線圖的上述代號相同者重疊在一起，繪製合而為一的圖。

（5）從圖形量出力的大小。**力的方向**（壓縮・拉伸）能夠以代號判斷。

4.8

克里蒙納圖解法～之一

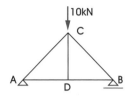

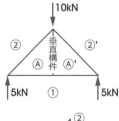

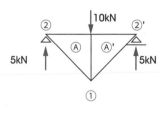

以力線圖解法，分析左圖的桁架。

此架構由三角形構成，故為桁架的一種。

由於荷重、反力、構件各會區分出不同區域，首先要加上代號（一般而言，桁架的外部空間會使用①、②等，而內部空間會使用Ⓐ、Ⓑ等）。

由於左右對稱關係，因此會使用Ⓐ'和②'等。

於是我們就畫出如左圖的力線圖，可進一步分析。Ⓐ、Ⓐ'間的垂直構件的應力為0，這是由於節點D力的平衡，若不是0，力線圖就不會封閉。

而若是將桁架如左圖般上下反轉，結果又如何？

在這樣子的桁架裡，壓縮和拉伸應力也會反轉。也就是說，桁架的上側變成壓縮應力，下側變成拉伸應力，力線圖也會跟著變化。

如此一來，Ⓐ、Ⓐ'間的垂直構件，就會產生與荷重具有相同大小的壓縮壓力。

4.9

克里蒙納圖解法～之二

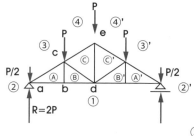

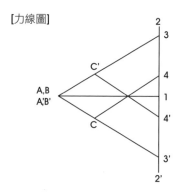

左圖是稱為中柱式桁架（King truss）的屋頂三角桁架，請以力線圖解法進行分析。

[c節點的力線圖]

[d節點的力線圖]

[e節點的力線圖]

由於桁架左右對稱，因此力線圖也（上下）對稱。ⒶⒷ構件（Ⓐ、Ⓑ間的構件，以下皆以此種格式稱呼兩代號間的構件）和Ⓐ' Ⓑ' 構件的應力皆為0。

另外，在力線圖裡把「①」、「Ⓐ」簡化表示為「1」、「A」。

4.10

克里蒙納圖解法～之三

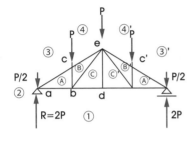

左圖也是一種屋頂桁架，斜構件的裝設位置與前頁不同。

[c節點力線圖]

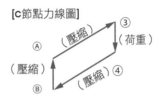

[d節點力線圖]
CC' 構件的應力為0

[a節點力線圖]

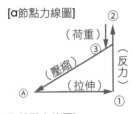

[b節點力線圖]

[e節點力線圖]

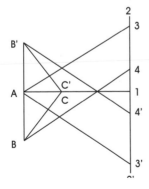

藉由改變桁架內的斜構件裝設位置，應力（壓縮）產生於ⒶⒷ構件，ⒷⒸ構件變成拉伸構件。ⒸⒸ' 構件的應力為0（此形式的桁架，由於節點e的結構難以處理，較少使用）

4.11

克里蒙納圖解法～之四

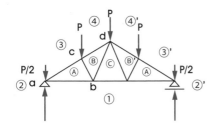

左圖的桁架稱為芬克式桁架（Fink truss），是前一頁桁架的改良，去除不會產生應力的構件，並減少Ⓐ Ⓑ構件和Ⓑ Ⓒ構件的應力值。

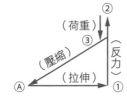

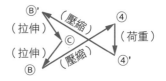

[b節點的力線圖]

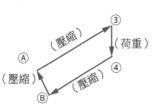

[d節點的力線圖]

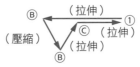

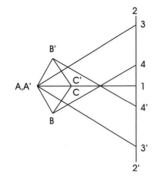

藉由這樣的設計（形式），使得產生在桁架構件的應力的大小能夠減小（有利於結構）。

4.12

克里蒙納圖解法～之五

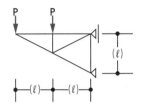

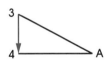

左圖為安裝在壁面的桁架，試以圖解法分析。

反力為一對大小如下的力偶，

$$P \times (2\ell+\ell) = R \cdot \ell$$
$$R = 3P\ell/\ell = 3P$$

此桁架並非左右對稱的結構，所以為所有的區域加上不同的代號。

分別繪製疊加各節點的力線圖。

[僅a節點的力線圖]

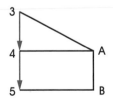

[疊加c節點的力線圖]

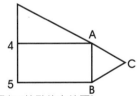

[疊加b節點的力線圖]

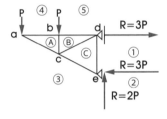

[疊加e節點的力線圖]

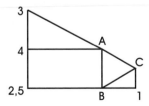

　　d節點的力線圖則已經包含在上列圖中，所以上面就是克里蒙納圖。

4.13

克里蒙納圖解法～之六

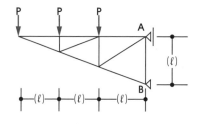

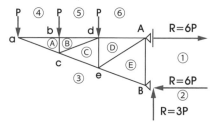

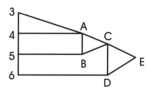

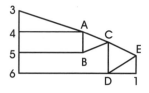

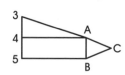

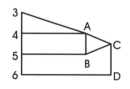

如左圖，將前一頁的桁架的突出部分以延長了一些。

垂直反力為

$R = P + P + P = 3P$

水平反力為

$P \times (3\ell + 2\ell + \ell) = R \cdot \ell$

$6P\ell = R\ell$

$R = 6P\ell / \ell = 6P$

此題的力線圖像是前一頁克里蒙納圖的補充。

[a節點]

[添加b節點・c節點]

[添加c節點]

[添加e節點]

4.14

克里蒙納圖解法～之七

在木造構架裡會加入斜撐，因為斜撐加入後可形成桁架，使結構更為堅固。斜撐分為壓縮斜撐（參照下圖（1））與伸張斜撐（參照下圖（2））兩種。

下圖顯示在二層樓建築的軸組加入了斜撐。分別以克里蒙納圖分析，以弄清壓縮構件和拉伸構件的區別。

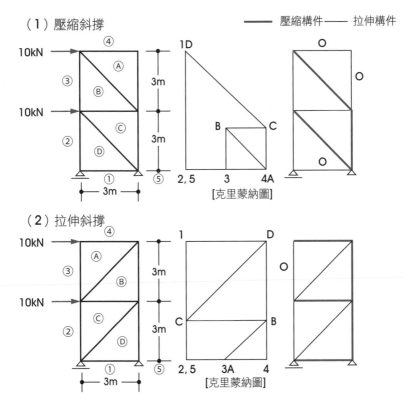

（1）壓縮斜撐

壓縮構件—— 拉伸構件

[克里蒙納圖]

（2）拉伸斜撐

[克里蒙納圖]

＊〔註〕支點的配置（轉動端‧移動端）會改變克里蒙納圖。

4.15

克里蒙納圖解法～之八

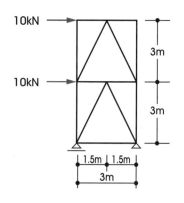

左圖桁架的分析如下。此桁架的形狀看來有比較特殊，但每個部分都呈現三角形，所以算是桁架的一種。

如同迄今的做法，一個一個繪製、疊加力線圖就應該能完成力線圖。

水平反力為

$R = P + P = 20kN$

垂直反力為

$R \times 3m = 10kN（6m + 3m）$

$= 90kNm$

$R = 90kNm/3m$

$= 30kN$

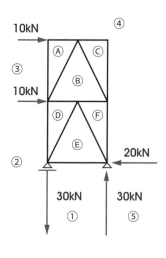

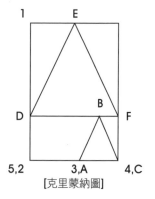

[克里蒙納圖]

4.16

克里蒙納圖解法～之九

應用克里蒙納圖分析下圖的桁架梁。

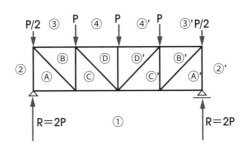

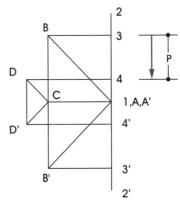

[克里蒙納圖]
桁架左右對稱,所以
力線圖也上下對稱

[應力的大小]

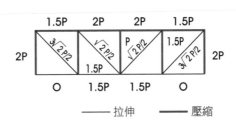

——— 拉伸　———— 壓縮

4.17

克里蒙納圖解法～之十

　　利用克里蒙納圖分析下圖的桁架梁（與前頁的桁架梁，差異處在於斜構件方向）。

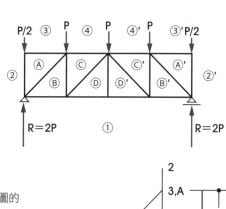

[克里蒙納圖]
注意與前頁力線圖的
不同之處

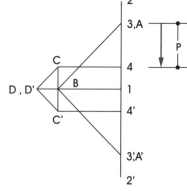

[應力的大小]

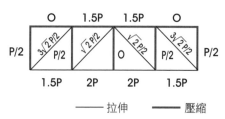

如何設計構件的尺寸（截面）？

5.1

終於要進入結構設計

截至目前為止，若將Part4的內容全部融會貫通，就可以分析簡單的結構物。若是小型的木造住宅，結構是由**簡支梁**和**懸臂梁**所構成。較大型的結構物則會使用桁架，也可以依照所學進行建築物的力學分析。

桁架不會產生彎矩和剪力來削弱材料，只產生軸向力（壓縮、拉伸），這樣的原理非常符合力學理論。

只要能熟練「簡支梁」、「懸臂梁」及「桁架」，便可設計出簡單的木造結構或鋼骨結構。

但若要設計的是鋼筋混凝土造建築物，這種結構稱為「**構架結構**」（Rahmen structure），就不能套用前面的方法。構架結構的分析恰好與桁架相反，用的是「彎矩」與「剪力」，屬於較高等的力學系統，所以本書並不討論構架結構。

本章將說明如何依照簡支梁、懸臂梁、桁架等各構件所產生的應力，設計構件的尺寸（截面），亦即如何進行基本結構設計。

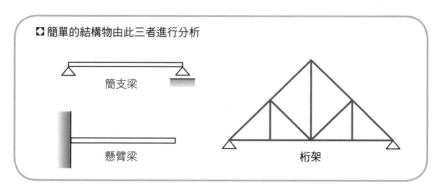

◘ 簡單的結構物由此三者進行分析

簡支梁

懸臂梁

桁架

5.2

拉伸構件的設計

　　我們從最簡單的**拉伸構件**設計開始介紹。結構材料的強度，依其材質而有大小不同，例如鋼材構件的強度會比木材構件的強度高，這是常識。

　　接下來以鋼筋（圓鋼條）為例來說明。在傳統上，鋼筋的強度定為$2400kg/cm^2$，亦即$1cm^2$的截面能支承2.4噸的重量。前述值使用質量單位，經由換算如下，

$$2400kg/cm^2 = 23.52kN/cm^2 = 0.2352kN/mm^2$$

換算結果為「$235N/mm^2$」。另外，此強度會因為鋼材品質等因素而有所不同。

　　圓鋼條的截面積如下表所示。

圓鋼條直徑	9	12	16
圓鋼條截面積	0.6362	1.1310	2.0106

　　若令圓鋼條的截面積為a、材料強度為f_t，則圓鋼條的強度（F）可以下式表示，

$$F = a \times f_t$$

　　各種直徑的圓鋼條的強度（F）如下。

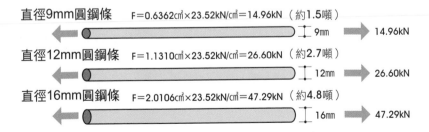

直徑9mm圓鋼條　　$F = 0.6362cm^2 \times 23.52kN/cm^2 = 14.96kN$（約1.5噸）

9mm　　　14.96kN

直徑12mm圓鋼條　　$F = 1.1310cm^2 \times 23.52kN/cm^2 = 26.60kN$（約2.7噸）

12mm　　　26.60kN

直徑16mm圓鋼條　　$F = 2.0106cm^2 \times 23.52kN/cm^2 = 47.29kN$（約4.8噸）

16mm　　　47.29kN

5.3

發揮材料的強度

　　一根直徑只有9mm的圓鋼條，可支承14.96kN，即約1.5噸的重量，可將此值視為鋼筋支承不住而斷裂的最大荷重。但若期望圓鋼條能發揮如此強的耐力，就必須使其端部牢牢固定住。

　　因此，必須將鋼筋埋入混凝土中固定，讓鋼筋在發揮其極限強度之前，不會脫離混凝土。如果僅以人手握住鋼筋，那麼在鋼筋被截斷之前，就會從人的手中滑出，這麼一來鋼筋便不能發揮原本所具有的強度。

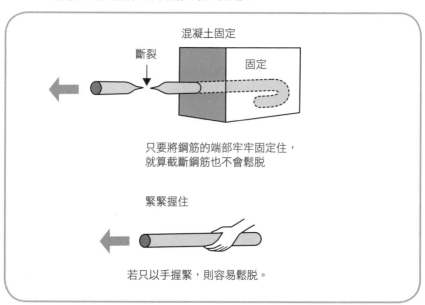

混凝土固定

斷裂

固定

只要將鋼筋的端部牢牢固定住，
就算截斷鋼筋也不會鬆脫

緊緊握住

若只以手握緊，則容易鬆脫。

關於鋼筋是否會鬆脫這個問題，鋼筋在混凝土中，需靠鋼筋與混凝土之間的摩擦力，因此鋼筋端部需彎折起來，以提高摩擦力，這個彎折的部分稱為彎鉤（若使用的是表面凹凸的鋼筋〔異型鋼筋〕，有時也不需彎鉤）。

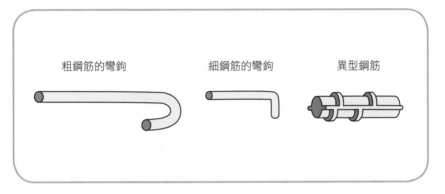

粗鋼筋的彎鉤　　　　　　細鋼筋的彎鉤　　　　　　異型鋼筋

我們能夠期待混凝土與鋼筋之間的摩擦力，實際上有多大呢？依據建築基準法的規定，承受永久荷重時要有0.7N/mm^2，承受地震等瞬間性荷重時要有1.4N/mm^2（日本建築基準法施行令第91條「混凝土的附著容許應力」）。此處的單位為混凝土與鋼筋接觸表面的面積（周長×單位長度）。

由於地震等瞬間性荷重（短期荷重）時，附著強度為1.4N/mm^2＝140N/cm^2，因此鋼筋每1cm的附著強度為「周長×單位長度×附著強度／單位長度」。

圓鋼條直徑（mm）	9	12	16
圓鋼條周長（cm）	2.8274	3.7699	5.0265
附著強度（N/cm）	395.8	527.8	703.71

圓鋼條的強度（短期荷重時的拉伸強度）則為「截面積×拉伸強度（23.52kN/cm²）」。

圓鋼條直徑	9	12	16
圓鋼條截面積	0.6362	1.1310	2.0106
圓鋼條強度	14.96	26.60	47.29

我們來計算看看，若要使圓鋼條發揮其極限強度，應該將鋼筋埋入混凝土中多深？

$$埋入長度＝圓鋼條強度／附著強度$$

- 直徑9mm圓鋼條　14.96kN/395.8N/cm＝37.8cm（9mm×42）
- 直徑12mm圓鋼條　26.60kN/527.8N/cm＝50.4cm（12mm×42）
- 直徑16mm圓鋼條　47.29kN/703.7N/cm＝67.2cm（16mm×42）

從上述的計算結果可見，顯示必須將鋼筋埋入其直徑42倍的深度（固著長度），但法規則規定為直徑的40倍即可，這是因為若鋼筋的末端沒有彎鉤，就要採用42倍，若有彎鉤則40倍就足夠。

此外，若使用錨定螺栓（一種栓入混凝土基礎等的螺栓），由於有刻削出的螺紋，所以在制定耐力時也可相應地打折，因此固著長度為直徑的30倍左右就足夠。

5.4

壓縮構件要注意拱起

前面提過，承受拉伸的構件，在受到拉扯時會繃緊伸長，因此即使構件是細長形，還是能夠安心地使用（但前提必須針對該構件端部的橫向接合結構法，加以完善的設計，讓該構件能夠充分發揮耐力）。

因此，對於軸向力，承受壓縮的構件在受到壓縮時，必須注意構件彎曲拱起的情形（稱為「**挫曲**」〔buckling〕）。

以前述的直徑9mm鋼筋為例，雖然對於拉伸應力有14.96kN的耐力（極限強度），但受壓縮時構件會拱起，因此無法期待其強度。

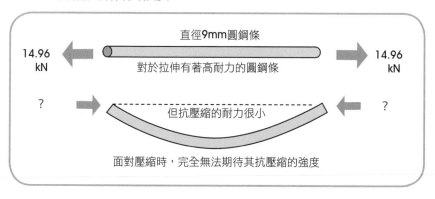

相較於拉伸強度，承受壓縮的構件，其耐力究竟減低多少？而造成壓縮強度變低，原因又為何？

5.5

挫曲受長度和截面形狀影響

長柱會搖晃

如左圖，兩個柱子的截面積相同，長度短時很穩定，但變長時則變得非常不穩定。這是因為柱子變長後，就會出現彎曲，因此即使支承相同重量的荷重，還是會變得不穩定。

柱子的穩定度，會受到承受壓縮的柱子長度影響。

嚴格來說，柱子兩端的支承條件，決定了所該採用的柱長（**挫曲長度**），如下圖。一般而言假設柱子的兩端為樞接，因此柱長為該構件的長度。

構件的**截面形狀**會造成怎樣的影響呢？一般而言，愈細、厚度愈薄的柱子，愈容易彎曲。若令四角形柱較薄一側的邊長（短邊長）為h，h與下式中的 i 有關。

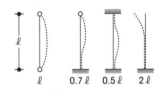

ℓ

ℓ　　0.7ℓ　0.5ℓ　2ℓ

$$i = h/3.46$$

i 稱為截面迴轉半徑。

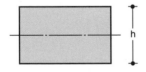

h

厚度較薄一側的邊長，稱為短邊長（h）。

h

h

正方形截面中，每個方向的短邊長（h）都一樣。

5.6

細長比與挫曲係數

了解挫曲長度與截面迴轉半徑後，接著我們來計算「細長比（λ）」。

$$\lambda = \frac{\ell（挫曲長度）}{i（截面迴轉半徑）}$$

【計算例】

求截面為10cm長、長度為3m的構件的細長比。

$$\lambda = \frac{300cm}{10cm/3.46} = \frac{300cm}{2.89cm} = 103.8 \doteqdot 104$$

細長比未滿30的構件稱為「短柱」，細長比30以上的構件則稱為「長柱」。短柱沒有發生挫曲的問題，長柱則有，所以要透過計算來確認安全性。為此，使用**挫曲係數**（ω），加成應力來進行計算。下表為挫曲係數表。

[挫曲係數表]

λ	0	1	2	3	4	5	6	7	8	9
30	1.00	1.01	1.02	1.03	1.04	1.05	1.06	1.08	1.09	1.10
40	1.11	1.12	1.14	1.15	1.16	1.18	1.19	1.20	1.22	1.23
50	1.25	1.27	1.28	1.30	1.32	1.33	1.35	1.37	1.39	1.41
60	1.43	1.45	1.47	1.49	1.52	1.54	1.56	1.59	1.61	1.64
70	1.67	1.69	1.72	1.75	1.79	1.82	1.85	1.89	1.92	1.96
80	2.00	2.04	2.08	2.13	2.17	2.22	2.27	2.33	2.38	2.43
90	2.50	2.56	2.63	2.70	2.78	2.86	2.94	3.03	3.13	3.23
100	3.33	3.40	3.47	3.54	3.61	3.68	3.75	3.82	3.89	3.96
110	4.03	4.11	4.18	4.26	4.33	4.41	4.49	4.56	4.64	4.72
120	4.80	4.88	4.96	5.04	5.13	5.21	5.21	5.38	5.46	5.55
130	5.63	5.72	5.81	5.90	5.99	6.08	6.17	6.26	6.35	6.44
140	6.53	6.63	6.72	6.82	6.91	7.01	7.11	7.20	7.30	7.40
150	7.50	—								

＊〔註〕λ的最大值為150。

5.7

計算構件的挫曲

No.1

假設有一荷重10kN作用在截面邊長為10.5cm的木材上（長度2.8m），求考慮挫曲加成後的荷重大小。

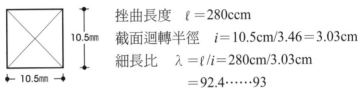

挫曲長度　$\ell = 280\text{ccm}$

截面迴轉半徑　$i = 10.5\text{cm}/3.46 = 3.03\text{cm}$

細長比　　$\lambda = \ell/i = 280\text{cm}/3.03\text{cm}$

　　　　　　$= 92.4\cdots\cdots93$

求出的細長比為92.4，無條件進位成93。

利用前一頁的表求 $\lambda = 93$ 時的挫曲係數 ω。找出90與3兩列的交叉處的數值，得到2.70。因此荷重（加成後）為

$P = 10\text{kN} \times 2.70 = 27\text{kN}$

No.2

求上述構件產生的應力（1cm² 的應力）

所謂的應力，指的是單位面積的受力。此題的柱子截面積為 $A = 10.5\text{cm} \times 10.5\text{cm} = 110.25\text{cm}^2$，故應力（$\sigma$）為

$\sigma = 27\text{kN}/110.25\text{cm}^2 = 244.9\text{N}/\text{cm}^2$

木材的容許應力，公告於日本建築基準法施行令第89條及平成12年（西元2000年）建設省告示第1452號。

例如，杉木（E50）的壓縮基準強度訂為19.2N/mm²（1920N/cm²），其長期容許應力fc＝1920N/cm²×1.1/3＝704N/cm²。在上述的例子中，由於產生於構件的應力是224.9N/cm²，而244.9N/cm²＜704N/cm²，可知不需擔心挫曲的問題。

參考 短邊長與挫曲長度的關係

如左圖，在挫曲長度不變時，構件的短邊長為截面的短邊長。

但若是構件的某處受到了橫架材等限制，挫曲不易發生時，挫曲長度會被分斷，若發生此情形，會出現不同挫曲長度與短邊長的組合。

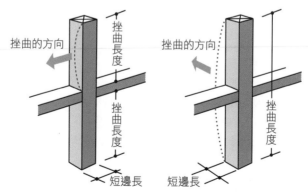

5.8

柱子短邊長在建築基準法中的限制

一般而言，木造建築物（1層樓建築與2層樓建築）的樓層高度並不會差異太大，柱子使用的都是正方形截面的標準品（10.5cm×10.5cm、12.0cm×12.0cm），所以可憑藉經驗來確認柱的安全性，不需要重新試算柱的挫曲。

日本建築基準基準法施行令第43條（柱的短邊長），規定已將木造建築物所使用的柱子加以基準化，規定如下，

建築物 ＼ 柱	·沿梁間方向或桁行方向，相互間隔超過10m的柱子（註2）·學校、托兒所、劇院、電影院、表演會場、體育場、集會場、商品販售場所（地板面積超過10m²）或公眾浴場的柱子		左欄以外的建築物的柱子	
	最上層或層數為1的建築物的柱子	其他層的柱子	最上層或層數為1的建築物的柱子	其他層的柱子
牆重量特別重的「土造」等形式的建築物（註1）	1/22	1/20	1/25	1/22
一般建築物	1/25	1/22	1/30	1/28
以金屬板、石綿瓦、木板等輕量材料鋪設屋頂的建築物	1/30	1/25	1/33	1/30

註1：土造－以土砌起外牆再塗上石灰搭建而成的傳統日式建築
註2：梁間方向指建築物整體的短邊方向，桁行方向則指長邊方向

上表中所示的比例為「柱子的短邊長／柱子的長度」。
[柱子的短邊長]…指柱子截面中較短邊的長，若柱子截面為正方形，則正方形的邊長即為短邊長。
[柱子的長度]…一般而言是指從地檻到桁條、梁或橫梁等，在結構耐力上不可或缺的橫架材間的垂直距離。若柱子具有達到表中比例的短邊長，即認為該柱子在挫曲方面是安全的。

以木材的實際標準品（10.5cm平方、12.0cm平方、13.5cm平方）為例，下表列出柱子的長度上限。

柱　比例	1/20	1/22	1/25	1/28	1/30	1/33
cm　cm 10.5×10.5	cm 210.0	cm 231.0	cm 262.5	cm 294.0	cm 315.0	cm 346.5
12.0×12.0	240.0	264.0	300.0	336.0	360.0	396.0
13.5×13.5	270.0	297.0	337.5	378.0	405.0	445.5

由於上表為計算結果，因此包括在實務中並未使用的規格，只是拿來作為參考。

[一般日式建築物]屋頂鋪瓦、2層樓的建築住宅

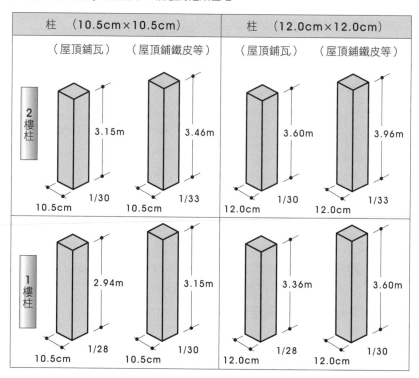

5.9

確認剪力方面的安全性

　　對於在構件產生的剪力，同樣也是求單位面積的剪力（剪切應力），確認其安全性。

　　例如，扁柏木抗剪力的基準強度訂為$2.1N/mm^2$（平成12年建設省告示第1452號）。對於一直在作用的剪力（長期荷重的剪力），容許應力制訂為基準剪切強度Fs的1.1/3倍（建築基準法施行令第89條），其值計算如下，

　　長期剪切容許應力 $fs = Fs \times 1.1/3 = 2.1 \times 1.1/3$（$N/mm^2$）

$$= 0.77N/mm^2 = 77N/cm^2$$

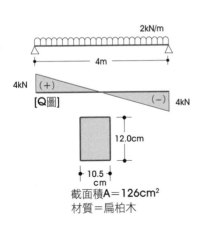

截面積A＝126cm²
材質＝扁柏木

　　左圖中有一承受均佈荷重的梁，此梁的最大剪力為在支點附近的4kN，假設梁的截面積為$10.5cm \times 12.0cm$，求產生在此梁的剪切應力。

　　截面積A為（$10.5cm \times 12cm$ ＝126cm²），則剪切應力（τ）為

$$\tau = 4kN/A = 4000N/126cm^2$$
$$= 31.7N/cm^2$$

　　求得在此截面產生的剪切應力（τ）為$31.7N/cm^2$。又，因容許剪切應力（扁柏木）為$77N/cm^2$，因此

$$\tau = 31.7N/cm^2 < 77N/cm^2$$

可知在剪力方面是安全的。

5.10

單面剪與雙面剪的不同

在前一節中介紹整個構件都承受剪力的情況，但在實務中更常出現局部發生剪切破壞的情況。如左圖，在橫架材的

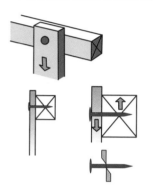

側面釘上一塊板子，若將該板往下拉（施加荷重），釘子就會產生抵抗以防止脫離，此時在釘子上產生的應力正是剪力，且剪力集中產生於兩構件的接觸面。

在這種情形中，釘子是以**單一截面**承受剪切，該截面則受剪切耐力的考驗。

我們改變上述的支承方式，以三明治的形式緊夾住支承荷重的構件，如此一來，同樣的一根釘子此時是以**兩個截面**來承受剪切。也就是說，我們可以將剪力分割成兩部分來加以對抗，所以釘子的剪切耐力會變為2倍。

如上所述，對於剪力的耐力，雙面剪為單面剪的2倍。

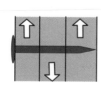
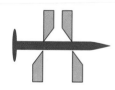

5.11

彎曲構件所產生的應力

　　針對眾多種應力中的壓縮、拉伸、剪切應力，基本上只要求出**截面單位面積的受力（應力）**，再與**容許應力**作比較，就能夠確認其安全性。

　　然而，若是要確認彎曲應力的安全性，就無法運用上述的方法。

　　為什麼呢？因為使構件彎曲時，在該構件所產生的應力，是拉伸應力與壓縮應力的組合。

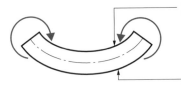

　　　　　　　　　　　　　　　── 此側（內側）產生壓縮應力

　　　　　　　　　　　　　　　── 此側（外側）產生拉伸應力

　　構件若發生彎曲，在該彎曲的**內側會產生壓縮應力**，在外側會產生拉伸應力。

　　此時，在應力從壓縮應力轉換為拉伸應力中間，會有個應力為0的位置，我們稱之為「**中性軸**」。

　　以該中性軸為分界，在彎曲的內側會產生壓縮應力，在外側會產生拉伸應力。且應力不是固定值，而是**線性增加**，應力變化情形如右上圖（右邊）所示。

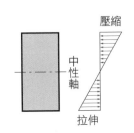

　　由此可知，受彎構件產生的應力和承受壓縮、拉伸或剪切時不一樣，不是固定值。

5.12

不易彎曲的截面形狀

從前節說明中可知，壓縮、拉伸、剪切在構件的截面，會產生固定不變的壓縮應力、拉伸應力或剪切應力，但構件的截面在彎曲時並不會產生固定不變的彎曲應力。

這個彎曲應力其實是壓縮應力和拉伸應力的組合，且在中性軸附近會為0，而構件的**上端與下端同為最大值**。

然而，就算是相同的截面積，形狀的不同也會使抗彎曲性產生強弱差別。

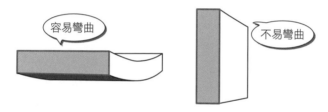

如上圖，右側和左側的構件具有相同的截面積，但右側的構件的截面是縱向的長度比橫向的長，無論是從常識或是直覺都會認為它不並容易產生彎曲。

另一方面，左側橫躺的構件，則讓人覺得它很容易產生彎曲。

如此，可見雖然截面積相同，但形狀等條件不同，就會造成不同的抗彎曲強弱度。因此我們無法如之前的壓縮、拉伸、剪切，僅以截面積大小來判斷構件的強弱。

所以，在計算受彎構件時，與之前在壓縮等現象上所使用的方法，則須完全不同。

5.13

截面二次矩與截面係數

在表示受彎構件的抗彎曲強度時,所使用的是「**截面二次矩**」(慣性力矩)。

以長方形截面為例,其截面二次矩(I)如下式,

$$I = \frac{bh^3}{12}$$

b:截面寬度(cm)
h:截面高度(cm)

此截面二次矩的求導有點複雜,故在此省略,由於截面二次矩在力學裡非常重要,請務必熟記。

從上式可知,,高度(h)的重要性比寬度(b)為大。寬度變成2倍時,代入公式裡依然是2倍,但若高度變成2倍,($(2h)^3 = 8 \cdot h^3$),會使截面二次矩大增為8倍,即能發揮8倍的抗彎曲強度。

除了截面二次矩之外,另有一「**截面係數**」(Z)。以長方形截面為例,其截面係數如下式,

$$Z = \frac{bh^2}{6}$$

b:截面寬度(cm)
h:截面高度(cm)

此截面係數用在求**抗彎構件產生的最大應力**(壓縮、拉伸)時。截面係數也是在力學裡很常用到的重要係數,請務必牢記。

5.14

截面二次矩與截面係數的關係

　　前節中突然出現「**截面二次矩**」與「**截面係數**」兩個名詞，即使必須牢牢記住，想要馬上熟悉也不是件容易的事。

　　因此，在此我們要再加強說明這兩個名詞的意義。截至目前為止，對於壓縮、拉伸、剪切等應力，耐力都是隨著構件的大小（截面積）成正比增加，但抗彎曲強度就不是由截面的大小所決定，截面的形狀（即使截面積相同）會使抗彎曲的程度有所不同。

　　截面二次矩表示抗彎曲的強度，並且與構件材質無關，只要截面積形狀相同，不管材質是木材還是鋼材，截面二次矩都相同。

　　若構件材質相同，截面二次矩變成2倍，則對於彎曲的耐力也會變為2倍。

　　為何截面二次矩可表示抗彎曲的強度？這是因為在構件的截面，因彎曲而產生的應力（內力），在彎曲**內側為壓縮應力**，在**外側為拉伸應力**，且兩種應力以中性軸為中心，呈三角形分佈，在最外緣應力為最大值。

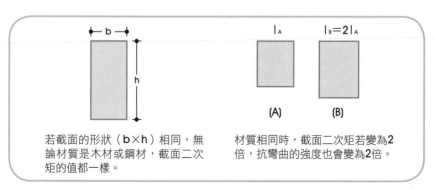

若截面的形狀（b×h）相同，無論材質是木材或鋼材，截面二次矩的值都一樣。

材質相同時，截面二次矩若變為2倍，抗彎曲的強度也會變為2倍。

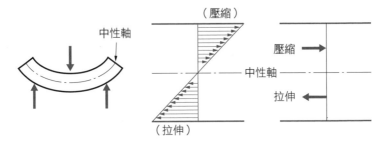

（壓縮）

中性軸

（拉伸）

壓縮

中性軸

拉伸

　　若將此呈三角形分佈的應力，合成為合力，即可知壓縮力與拉伸力會形成力偶。由於應力（內力）而形成的力偶矩，會和來自外部的荷重（外力）所產生的彎矩，達到力矩的平衡。

　　在實際上，所產生的最大應力（外緣的應力），是位於中性軸距離1/2構材高度處（h/2），所以求最大應力時，需要用到截面係數（Z）。此截面係數與截面二次矩的關係為，

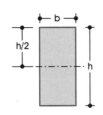

$$截面係數（Z）＝\frac{截面二次矩（I）}{高度（h）的1/2}$$

將 $I = bh^3/12$（長方形截面）代入，得到Z為

$$Z＝\frac{bh^3/12}{h/2}＝bh^2/6$$

5.15

各種截面的截面二次矩

那麼，我們進一步更具體求出各種截面形狀的截面二次矩，並比較其差別，以加深對截面二次矩的認識。

從前面的說明，我們已經知道在彎曲發生時，構件高度比寬度的影響更大。

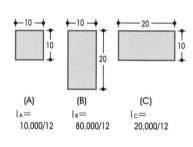

(A)
$I_A =$
10,000/12

(B)
$I_B =$
80,000/12

(C)
$I_C =$
20,000/12

如左圖，有（A）、（B）、（C）三個構件。其中（B）的高度為（A）高度的2倍，（C）的寬度為（A）寬度的2倍。

求各構件的截面二次矩時，若以I_A為1，則I_B會是I_A的8倍，I_C是I_A的2倍。

截面二次矩是$I = bh^3/12$，若h變成2倍，三次方為$2 \times 2 \times 2 = 8$，I變成8倍。相對於此，寬度（b）就算變成2倍，I的大小也只變為2倍。

因此對於抗彎曲，高度（h）比寬度（b）的影響更大，這是因為在中性軸的應力為0，所以中性軸的週邊部分在抗彎曲能力上幾乎沒有助益。

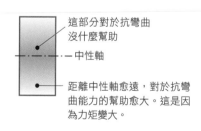

這部分對於抗彎曲沒什麼幫助

中性軸

距離中性軸愈遠，對於抗彎曲能力的幫助愈大。這是因為力矩變大。

相對於此，離中性軸愈遠，抗彎曲能力會愈大。這是因為離中性軸愈遠，應力的力矩愈大。

那麼，如果靠近中性軸的截面對於抗彎曲沒有那麼大的幫助，乾脆就將該部分的截面去掉如何？這樣一來既可使構件輕量

化，又能夠製造出不易彎曲的構件。

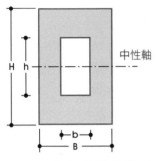

如左圖，有一中空的長方形，求其截面二次矩。首先，要求整體（不考慮中空部分）的截面二次矩，然後再求中空部分的截面二次矩，最後以整體截面二次矩減掉中空部分的截面二次矩，就能求得左圖的截面二次矩。

（1）整體的截面二次矩……$I_1 = BH^3/12$

（2）中空部分的截面二次矩……$I_2 = bh^3/12$

（3）欲求的截面二次矩……$I = I_1 - I_2 = BH^3/12 - bh^3/12$

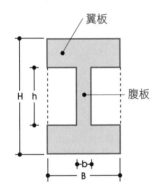

如左圖，有一I形截面，我們以同樣的方式來求它的截面二次矩。

先用虛線將圖形連結起來，求整體的截面二次矩（$I_1 = BH^3/12$），再減掉左右側中空部份的截面二次矩（$I_2 = (B-b)h^3/12$），計算式如下，

$$I = I_1 - I_2 = \frac{BH^3}{12} - \frac{(B-b)h^3}{12}$$

此時可視前項的 I 形截面積中的腹板部分變細，到力學角度可忽略的程度。如此一來，其截面積只剩上下方的翼板部分。

以結構來說，需要用來連結上下部分的構件，但在截面二次矩的計算上，腹板則可以忽略，僅以上下方的翼板部分進行計算即可。

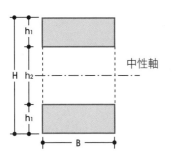

那麼現在立刻就來計算看看。這一次同樣也是以整體的截面二次矩減去中空部的截面二次矩即可,計算方式如下。

$$I = \frac{BH^3}{12} - \frac{Bh_2{}^3}{12} = \frac{B}{12}\left(H^3 - h_2{}^3\right)$$

由於 $H = h_1 + h_2 + h_1 = 2h_1 + h_2$,將此關係式代入上式中的 H,將式子重新整理(在此省略演算過程),結果得到下式。

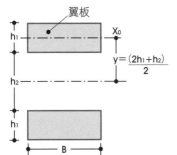

$I = \left(A \cdot y^2 + I_0\right) \times 2$

A:翼板的截面積(Bh_1)

I_0:對翼板 X_0 軸的截面二次矩

另外,因為翼板有上下兩個,所以要乘以2倍,若只有單側有翼板,就不需要乘以2倍。

以上的說明稍微繁瑣,但為什麼要進行如此的說明呢?因為我們希望讀者能夠了解:

(1)對於截面二次矩的大小而言,翼板上下部分的截面積具有顯著的作用,而靠近中性軸的截面積就沒什麼影響,所以即使忽略中性軸附近的截面積影響也無妨。

(2)在前述的式子中,($A \cdot y^2$)代表的是截面積×(距離的平方),讓人很容易就能理解「截面二次矩」這名詞的意義。

(3)截面二次矩不僅可求中性軸,也可求其他的軸,亦即可由前述的式子 $A \cdot y^2 + I_0$ 求出。

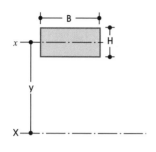

關於前頁的（3）的意義，在此繼續詳細說明。

對B×H截面的x軸（中性軸）的截面二次矩，求出如下式，

$$I_x = BH^3/12$$

若是對X軸（如左圖）的截面二次矩（令x軸與X軸間的距離為y），

則式子如下，

$$I_X = I_x + A \cdot y^2$$
$$= BH^3/12 + BH \cdot y^2$$

◻ 翼板的截面二次矩的求法

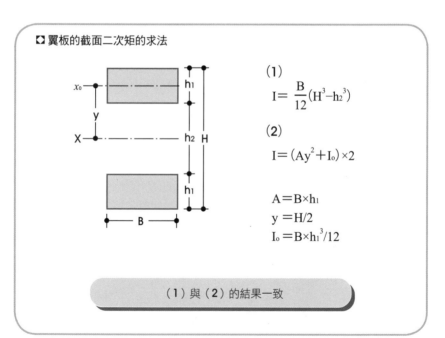

(1)
$$I = \frac{B}{12}(H^3 - h_2^3)$$

(2)
$$I = (Ay^2 + I_o) \times 2$$

$A = B \times h_1$
$y = H/2$
$I_o = B \times h_1^3/12$

（1）與（2）的結果一致

📖 求截面二次矩

No.1

如下圖，求對中性軸的截面二次矩。

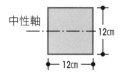

中性軸
12cm
12cm

$$I = 12\text{cm} \times (12\text{cm})^3/12$$
$$= (12\text{cm})^4/12$$
$$= (12 \times 12 \times 12 \times 12)\ \text{cm}^4/12$$
$$= 1.728\text{cm}^4$$

此題要注意單位，截面二次矩的單位為 cm^4。

No.2

X
15cm
10cm

求下圖截面的截面二次矩。

$$I = 10\text{cm} \times (15\text{cm})^3/12$$
$$= (10 \times 15 \times 15 \times 15)\ \text{cm}^4/12$$
$$= 33,750\text{cm}^4/12$$
$$= 2,812.5\text{cm}^4$$

就算寬度窄小，高度大就能有較大的截面二次矩。

No.3

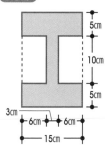

5cm
10cm
5cm
3cm
6cm 6cm
15cm

求下圖截面的截面二次矩。

先求出虛線所延伸的完整長方形的截面二次矩，然後減去左右中空部分截面的截面二次矩即可。

$$I = \frac{15\text{cm} \times (20\text{cm})^3}{12} - \frac{12\text{cm} \times (10\text{cm})^3}{12}$$
$$= (120,000 - 12,000)\ \text{cm}^4/12$$
$$= 108,000\text{cm}^4/12$$
$$= 9,000\text{cm}^4$$

如下圖的上下一組截面，求對各X軸的截面二次矩。

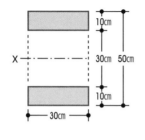

我們先採用以整體圖形的截面二次矩，再減去中空部分的截面二次矩。

$$I = 30cm \times (50cm)^3/12 - 30cm \times (30cm)^3/12$$
$$= \frac{30}{12}cm \times (50^3 - 30^3)cm^3$$
$$= \frac{30}{12}cm \times (125,000 - 27,000)cm^3$$
$$= \frac{30}{12} \times 98,000cm^4$$
$$= 245,000cm^4$$

接下來則用 $I = (A \cdot y^2 + I_0) \times 2$ 的式子來求截面二次矩。

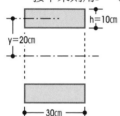

$$A = Bh = 30cm \times 10cm$$
$$= 300cm^2$$
$$y = 20cm$$
$$y^2 = 20 \times 20cm^2 = 400cm^2$$
$$A \cdot y^2 = 300cm^2 \times 400cm^2$$
$$= 120,000cm^4$$
$$I_0 = B \cdot h^3/12$$
$$= 30cm \times (10cm)^3/12$$
$$= 30,000cm^4/12$$
$$= 2,500cm^4$$

$$I = (A \cdot y^2 + I_0) \times 2$$
$$= (120,000cm^4 + 2,500cm^4) \times 2$$
$$= 122,500cm^4 \times 2$$
$$= 245,000cm^4$$

兩種方法都可得相同的結果。

📖 求截面係數

No.1

求下圖截面的截面係數。

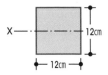

截面係數為$Z＝BH^2/6$，故

$$Z＝12cm×（12cm）^2/6$$
$$＝12×12×12cm^3/6$$
$$＝288cm^3$$

＊〔註〕前面已計算過，此截面的截面二次矩為$1,728cm^4$，又$h/2＝6cm$，故改用$1,728cm^4/6cm＝288cm^3$的計算方式同樣可求得相同的結果。（請參照第177頁的 ◎練習問題 **No.1**）

No.2

求下圖截面的截面係數。

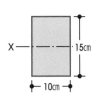

$$Z＝10cm×（15cm）^2/6$$
$$＝2,250cm^3/6$$
$$＝375cm^3$$

＊〔註〕前面已計算過，此截面的截面二次矩為$2,812.5cm^4$，故也能夠以$Z＝2,812.5cm^4/7.5cm＝375cm^3$的計算方式求截面係數。
（請參照第177頁的◎練習問題 **No.2**）

No3.

求下圖A及B的截面二次矩及截面係數。

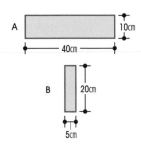

（截面二次矩）

$$I_A＝BH^3/12＝40×10^3/12＝3,333.3cm^4$$
$$I_B＝BH^3/12＝5×20^3/12＝3,333.3cm^4$$

兩者的截面二次矩相等。

（截面係數）

$$Z_A＝BH^2/6＝40×10^2/6＝666.7cm^3$$
$$Z_B＝BH^2/6＝5×20^2/6＝333.3cm^3$$

兩者的截面二次矩雖相等，但截面積小的B截面係數是A的1/2。

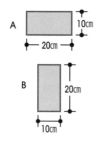

No.4

求下圖A及B的截面二次矩及截面係數。

A、B截面的截面積相等，都為200cm²，兩者其實是相同構件，直放或是橫放而已。

（截面二次矩）

$I_A = 20cm \times (10cm)^3/12 = 20,000cm^4/12$

　　$= 1,666.7cm^4$

$I_B = 20cm \times (20cm)^3/12 = 80,000cm^4/12$

　　$= 6,666.7cm^4$

截面二次矩I_B為I_A的4倍。

（截面係數）

$Z_A = 20cm \times (10cm)^2/6 = 2,000cm^3/6$

　　$= 333.3cm^3$

$Z_B = 10cm \times (20cm)^2/6 = 4,000cm^3/6$

　　$= 666.7cm^3$

截面係數Z_B為Z_A的2倍。

No.5

求下圖的A及B的截面二次矩及截面係數。

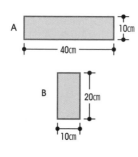

（截面二次矩）

$I_A = 40cm \times (10cm)^3/12 = 40,000cm^4/12$

　　$= 3,333.3cm^4$

$I_B = 10cm \times (20cm)^3/12 = 80,000cm^4/12$

　　$= 6,666.7cm^4$

（截面係數）

$Z_A = 40cm \times (10cm)^2/6 = 4,000cm^3/6$

　　$= 666.7cm^3$

$Z_B = 10cm \times (20cm)^2/6 = 4,000cm^3/6$

　　$= 666.7cm^3$

在此例中，截面二次矩是B為A的2倍，截面係數則是A、B皆為相同值。

＊〔註〕由以上可知若要降低彎曲應力的大小，截面係數（Z）大的截面形狀較有幫助。

5.16

抗彎曲構件的設計

前面以這麼多篇幅說明「截面二次矩」及「截面係數」，是因為在彎曲構件所產生的應力（彎曲應力），其機制並不如想像中的簡單。現在相信大家已累積足夠的截面二次矩及截面係數知識，因此接下來的內容應該不再困難。

我們利用下式來求產生在受彎構件的應力的大小（最大應力）。只要將彎矩值除以截面係數Z即可。

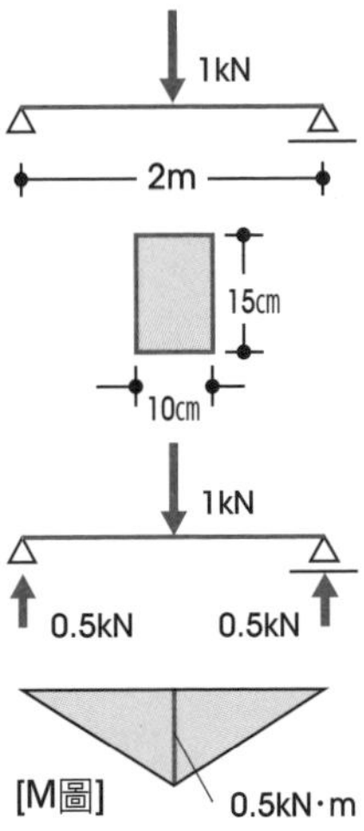

$$\sigma = \frac{M}{Z} \; (\text{N/cm}^2 \text{ 或N/mm}^2)$$

左圖為一承受集中荷重的簡支梁，假設其截面為10cm×15cm，求產生在該簡支梁的彎曲應力。

反力R為1kN/2＝0.5kN

所產生的彎矩（最大）為

M＝0.5kN×1m

＝500N×100cm＝50,000Ncm

梁的截面係數Z為

Z＝10cm×（15cm）²/6＝2,250cm³/6

＝375cm³

因此，產生的彎曲應力 σ （sigma）如下，

σ ＝50,000Ncm/375cm³＝133.3N/cm²

＝1.333N/mm²

若將此梁構件的截面改為10cm×10cm，則梁的截面係數會是，

$$Z = 10cm \times (10cm)^2/6 = 1,000cm^3/6 = 166.7cm^3$$

因此所產生的彎曲應力為，

$$\sigma = 50,000Ncm/166.7cm^3 = 300N/cm^2$$
$$= 3.0N/mm^2$$

若再將此梁構件的截面改為6cm×6cm，則

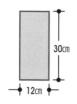

$$Z = 6cm \times (6cm)^2/6 = 216cm^3/6 = 36cm^2$$
$$\sigma = 50,000Ncm/36cm^3 = 1,388.9N/cm^2$$
$$= 13.889N/mm^2$$

如上所述，就算由於梁的內力所形成的彎矩大小相同，所產生的彎曲應力大小還是會由於截面係數而改變。

此外，只要知道構件強度（建築基準法的容許應力），就能夠反求該構件所能承受的彎矩大小。

也就是說，若有一構件的材質為木材（扁柏木），其強度f_b（長期彎曲容許應力）為10N/mm²，則截面積為12cm×30cm時的彎曲應力（最大）為，

$$截面係數Z = 12cm \times (30cm)^2/6 = 1,800cm^3$$
$$M = f_b \times Z = 10N/mm^2 \times 1,800cm^3$$
$$= 1kN/cm^2 \times 1,800cm^3 = 1,800kNcm$$
$$= 18kNm$$

得到M＝18kNm。

由計算結果可知，截面為12cm×30cm的木材（扁柏木，長期彎曲容許應力＝10N/mm²）的彎曲承載力矩為18kNm。

🔖 設計抗彎構件

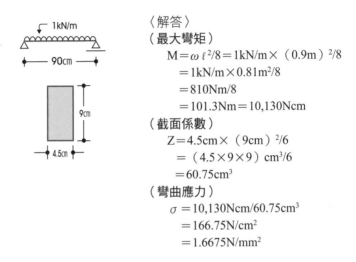

No.1

如下圖有一承受等分佈荷重的簡支梁，求其彎曲應力。梁的截面為4.5cm×9cm。

〈解答〉
（最大彎矩）
$$M = \omega \ell^2/8 = 1kN/m \times (0.9m)^2/8$$
$$= 1kN/m \times 0.81m^2/8$$
$$= 810Nm/8$$
$$= 101.3Nm = 10,130Ncm$$
（截面係數）
$$Z = 4.5cm \times (9cm)^2/6$$
$$= (4.5 \times 9 \times 9)\ cm^3/6$$
$$= 60.75cm^3$$
（彎曲應力）
$$\sigma = 10,130Ncm/60.75cm^3$$
$$= 166.75N/cm^2$$
$$= 1.6675N/mm^2$$

No.2

如下圖有一承受均佈荷重的簡支梁，求其彎曲應力。同時請確認在梁的截面積為10.5cm×15cm（松木，長期彎曲容許應力＝7N/mm²），安全性如何。

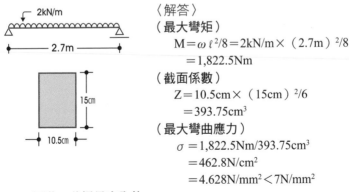

〈解答〉
（最大彎矩）
$$M = \omega \ell^2/8 = 2kN/m \times (2.7m)^2/8$$
$$= 1,822.5Nm$$
（截面係數）
$$Z = 10.5cm \times (15cm)^2/6$$
$$= 393.75cm^3$$
（最大彎曲應力）
$$\sigma = 1,822.5Nm/393.75cm^3$$
$$= 462.8N/cm^2$$
$$= 4.628N/mm^2 < 7N/mm^2$$

因此，此梁是安全的。

▶以力線圖分析桁架（part4）

跨度（支點間的距離）較小時，簡支梁並不會產生問題，但跨度變大時，彎矩也會隨之增大，造成結構上的不利因素，所以此時會使用**桁架**結構。

桁架是三角形的穩定形狀組合，是合乎力學原理的結構，重量輕、耐力強，在力學上，桁架的構件不因彎曲和剪力而產生應力，而只會產生**軸向力**（壓縮、拉伸）。

此外，桁架的分析不需依靠三角函數（sin、cos等）數學式，只要利用**克里蒙納圖解法**，藉由圖形的繪製，就能得到應力大小，也能知道應力是屬於壓縮應力或拉伸應力。在本書中列出10種圖解法，請實際動手作圖，以熟練克里蒙納圖解法。

▶實際設計構件的尺寸（截面）（part5）

學會如何求解在各結構構件所產生的應力種類（包括軸向力、彎矩、剪力）與大小，接著進入設計構件的階段，即設計能夠承受這些應力的構件尺寸（截面）、形狀和材質。到了這個階段，開始進行實務的結構設計。

· **拉伸構件**的設計比較單純，但必須注意**端部的橫向接合**。

· **壓縮構件**的設計必須注意**挫曲**。

· **剪切**方面的安全性，要注意是**單面剪**或**雙面剪**。

· **彎矩**方面的安全性會因所規劃的截面形狀，所產生的**截面二次矩**及**截面係數**，而有不同。

所謂的截面設計，就是依據以往的經驗，先假設一個截面，再確認該截面是否安全，而不是經由計算來的，因此經驗非常重要。

Part

6

如何設計壁量

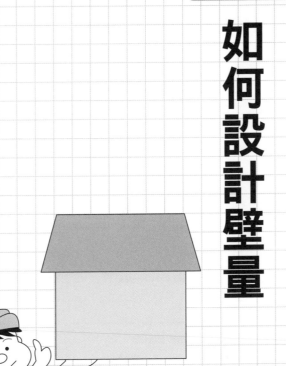

6.1

設計耐地震、耐風壓力的建築物

在Part5中，我們已經學到結構力學初步的入門。學習構造力學，還必須確認建築物是否能夠承受地震或風壓力。

雖然讀者已能夠進行正統的結構計算，但還無法設計小型住宅規模的建築物。

在日本建築基準法中，對於木造建築物等，並未要求我們必須對「2層以下且總樓地板面積在500m²以下」的建築物進行結構計算（建築基準法第20條第2號、第6條第1項第2號）。

但是，基於建築物必須擁有不會被地震等外力輕易破壞掉的耐力，因此我們依然有義務必須進行「壁量計算」（建築基準法施行令第46條第4項）。

壁量計算的基本概念為「地震和風並不同於固定荷重與裝載荷重等垂直方向作用的力，而是使建築物往橫搖的方向作用的力。因此，為了讓建築物能承受得住地震和風，必須在每個各方向配置一定數量的堅固牆壁，藉此提高建築物的耐力」。

◘ 建築基準法中的概念

沒有斜撐的構造　　　　　　　　加入斜撐的構造

沒有牆壁的結構，橫向力耐受性差　　加了斜撐、釘上合板的牆壁，橫向力耐受性強

6.2

壁量計算的基本概念

水平方向的作用力，有地震力與風壓力。

（1）**地震力**：橫向搖晃的力，會依各樓層地板面積而有所不同。此外，屋頂重量也會造成搖晃的差異。

因此，我們必先區分建築物的屋頂重量是輕還是重，再依據地板面積來求地震力的大小。然後再依據地震力大小求必要壁量。

（2）**風壓力**：橫搖的力會依受風吹襲的側面面積（投影面積）而有所不同。和地震力的情況不同在於，即使地板面積相同，建築物所承受的風壓力還是會因上述的投影面積而有所不同。求出風壓力的大小後，再依據該值求出必要壁量。

（3）採用以上兩項所求出的值中，選出較大的**壁量**。

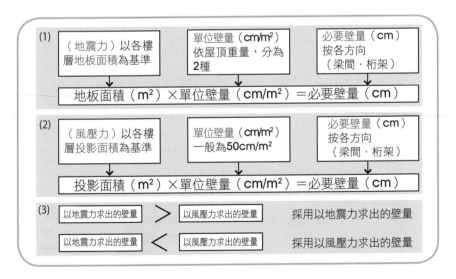

6.3

壁量計算的流程

　　為蓋出一間耐地震力和風壓力的建築物，依據各樓層的不同，進一步對不同梁間‧桁架方向，求出必要的壁量，接下來就要依照這些壁量進行**配置設計**。

　　配置設計的重點如下。

（1）牆壁可分為堅固的牆壁和脆弱的牆壁，所以我們對各牆壁給予**評價**。若令一標準牆壁的耐力為1.0，有2倍強度者則為2.0（此評價稱為「**壁倍率**」），也會有比標準還脆弱的牆壁，例如壁倍率為0.5。壁倍率的上限為5.0。

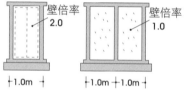

長度1.0m、壁倍率為2.0的牆壁，和長度2.0m、壁倍率為1.0的牆壁，兩者具有相同的耐力。

　　若壁倍率為2.0，可視為該牆壁的長度是實際的2倍（稱為換算長度）。

（2）牆壁配置不僅需在各樓層、各方向皆存在必要的壁量，仍必須形成很好的**配置平衡**。也就是說，若是牆壁的配置太過集中，對於耐震、耐風來說就沒有效果。

　　因此，為了確認所設計的壁量配置有良好的平衡，我們制訂了「1/4規則」（平成12年建設省告示第1352號），依據此規則，需針對平面圖外側1/4的區塊──一檢查配置是否達到左右平衡。

6.4

投影面積的推算（計算前的準備）

　　風壓力會施給建築物一個水平力，為了確認牆壁的耐力，日本建築建準法規定各建築物要求出「**投影面積**」，再以投影面積估算施加於建築物的風壓力。

　　投影面積其實就是相當於建築物的側面面積（受風吹襲的面積），因此可用建築物的立體圖求出。一般而言，建築物的立面會依東西面和南北面而有所不同，所以有**2種**投影面積。

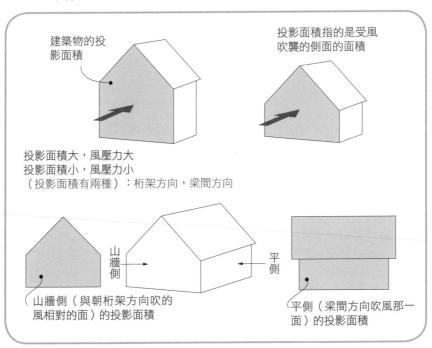

建築物的投影面積

投影面積指的是受風吹襲的側面的面積

投影面積大，風壓力大
投影面積小，風壓力小
（投影面積有兩種）：桁架方向，梁間方向

山牆側

平側

（山牆側（與朝桁架方向吹的風相對的面）的投影面積

（平側（梁間方向吹風那一面）的投影面積

6.5

計算時使用的投影面積

　　投影面積的概念如前所述，依日本建築基準法施行令文字，定義為「梁間方向或桁架方向的**鉛直投影面積**」（第46條第4項），也就是說，若在建築物的後面立一道牆，以平行的光線打到建築物身上，此時投影在牆面上的影子面積，就是投影面積。

　　在實際計算時，真正的投影面積卻不是上述的投影面積，而是「以從該樓層地板表面起的高度，減去1.35m以下的投影面積後，所得即為投影面積」。這是因為我們假設一層樓高約2.7m，以1/2高度（1.35m）為準，在下面的部分，風壓力會從地檻傳遞至基礎，故可省略不看，只計算上面的部分的風壓力，會傳遞至桁架等構件上，由牆壁支承。

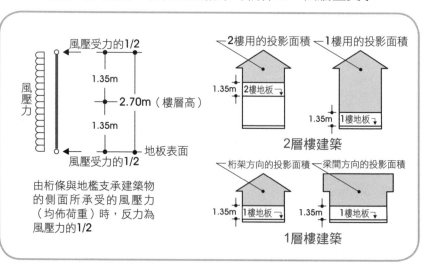

6.6

投影面積計算

求以下各建築物的投影面積。

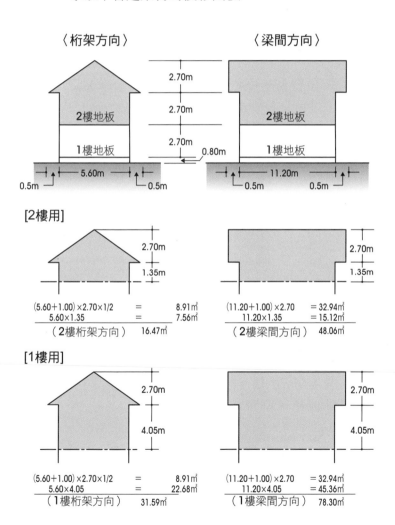

〈桁架方向〉　　　　　〈梁間方向〉

2.70m

2.70m

2.70m

0.80m

2樓地板　　　　　　　2樓地板

1樓地板　　　　　　　1樓地板

5.60m　　　　　　　　11.20m

0.5m　　　0.5m　　　0.5m　　　0.5m

[2樓用]

2.70m

1.35m

$(5.60+1.00) \times 2.70 \times 1/2 = 8.91㎡$
$5.60 \times 1.35 = 7.56㎡$
（2樓桁架方向）　16.47㎡

2.70m

1.35m

$(11.20+1.00) \times 2.70 = 32.94㎡$
$11.20 \times 1.35 = 15.12㎡$
（2樓梁間方向）　48.06㎡

[1樓用]

2.70m

4.05m

$(5.60+1.00) \times 2.70 \times 1/2 = 8.91㎡$
$5.60 \times 4.05 = 22.68㎡$
（1樓桁架方向）　31.59㎡

2.70m

4.05m

$(11.20+1.00) \times 2.70 = 32.94㎡$
$11.20 \times 4.05 = 45.36㎡$
（1樓梁間方向）　78.30㎡

6.7

必要壁量的計算（單位壁量）

[地震力]

　　關於地震力，將下列的**單位壁量**乘以各樓層的地板面積，可求出**必要壁量**（必要壁量在梁間方向和桁架方向是共通的）。

　　單位壁量的單位是（cm/m²），所以在乘以地板面積後，必要壁量就變成壁長的總和（單位：cm）。

・（**單位壁量**：cm/m²）…建築基準法施行令第46條第4項表2

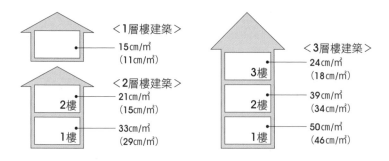

＊〔註〕上列的單位壁量中，括號內表示的是以輕量材料（金屬板、石板、石棉瓦、木板等）鋪設屋頂時的特例。

[風壓力]

　　關於風壓力，從每個方向以「投影面積×50cm/m²」求解。

＊〔註〕經特定行政廳（管理建築相關事務的地方行政機關）考量該地過去風勢記錄而認定為常出現強風的指定地區，另外規定其單位壁量須採用50cm/m²以上～75cm/m²以下。

6.8

必要壁量的計算（實際壁量）

　　讓我們先來復習一下前面說過的內容，這裡要以一個實例來計算必要壁量。首先是一棟一層樓的建築。

問題

　　請計算下圖的建築物（一層樓、地板面積＝40.00m²）的必要壁量。屋頂為瓦片。

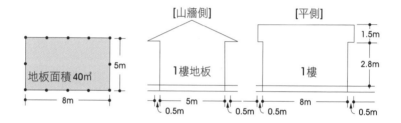

＜計算方法＞

①關於地震力

　　由於屋頂用的是瓦片，所以採用標準的**單位壁量**（15cm/m²），乘以**地板面積**（40.00m²）後就可得到**必要壁量**。

$$15cm/m^2 \times 40m^2 = 600cm = 6.0m$$

　　因此，必要壁量（必要的壁長）為6.0m。也就是說，無論是在梁間方向或是桁架方向都必須各設置6.0m的牆壁。

②關於風壓力

　　山牆側（桁架方向）的投影面積可藉由以下計算求得為11.75m²，

$$\left.\begin{array}{l}（5m＋1m）\times 1.5m \times 1/2 = 4.50m^2 \\ 5m \times（2.8-1.35）m = 7.25m^2 \end{array}\right\} 11.75m^2$$

再乘上**單位壁量**（50cm/m²），得到587.5cm。

平側（梁間方向）的投影面積可藉由以下計算而求得為
25.1m²，

$$（8m＋1m）\times 1.5m＝13.50m² \atop 8m\times（2.8－1.35）m＝11.60m²\left.\right\}25.1m²$$

再乘上**單位壁量**（50cm/m²），得到1,255cm＝12.55m。

此計算例中計算出的必要壁量整理如下。

劃分	地震力	風壓力	（採用）
桁架方向	6.00m	5.88m	6.00m
梁間方向	6.00m	12.55m	12.55m

從上表可知，關於地震力，無論哪個方向都需要6.00m
的牆壁，而關於風壓力則因為投影面積的不同，在不同方向
的必要壁量，差距也很大。

以結論而言，會依照不同方向來比較地震力的必要壁量，
與風壓力迎風面的必要壁量，然後採用其中較大的一方。

在上述的例子中，**桁架方向**的必要壁量在地震力方面是
6.00m，在風壓力方面是5.88m，兩者的值非常接近。雖然差
距不大，但仍採用以**地震力**算出的6.00m。而**梁間方向**的必
要壁量則是風壓力的12.55m，遠大於地震力的6.00m，所以
此時會採用**風壓力的12.55m**。

從以上的內容可知，在外牆比較長的桁架方向，只要採
用6.00m的壁量就足夠，但外牆比較短的梁間方向，卻需要
超過前者2倍的12.55m，這種情形其實很常見。

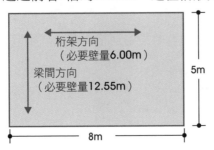

・外牆長且容易設置牆壁，
桁架方向有**6.00m**即可
・外牆短且不易設置牆壁，
梁間方向需要**12.55m**的
牆壁

6.9

壁倍率
（建築基準法施行令第 46 條第 4 項）

　　依前述方式所求出的**必要壁量**，其壁量都假設為標準壁（**壁倍率**1.0）時的壁長。若是使用壁倍率為2.0的規格的牆壁，那麼採用1/2的必要壁量（壁長）也無妨。反之，若壁倍率為0.5，就必須使用2倍長度的牆壁。

　　下表是各種構造的**壁倍率**（日本建築基準法施行令第46條第1項表1，昭和56年，西元1981年，建設省第1100號）。

構造的種類		倍率
土塗壁		0.5
具有將木板條及與其類似者釘在柱子及間柱之壁的構造	釘在單面	0.5
	釘在兩面	1.0
有加斜撐的構造　有加直徑9mm以上鋼筋斜撐的構造　厚度1.5cm以上、寬度9cm以上木材斜撐	單斜撐形式	1.0
	交叉斜撐形式	2.0
有加厚度3cm以上、寬度9cm以上木材斜撐的構造	單斜撐形式	1.5
	交叉斜撐形式	3.0
有加厚度4.5cm以上、寬度9cm以上木材斜撐的構造	單斜撐形式	2.0
	交叉斜撐形式	4.0
有加厚度9cm以上、寬度9cm以上（9cm平方以上）木材斜撐的構造	單斜撐形式	3.0
	交叉斜撐形式	5.0

＊〔註〕在土塗壁‧木板條壁等再加入斜撐時，倍率相加。但上限為5.0。

[例]

斜撐

直徑9mm以上的鋼筋斜撐 1.0
厚度1.5cm×寬度9cm以上的木材 1.0
厚度3cm×寬度9cm以上的木材 1.5
厚度4.5cm×寬度9cm以上的木材 2.0
9cm邊長以上的木材 3.0

＊〔註〕採用交叉形式時的倍率是上列數值的2倍。但上限為5.0。

6.10

壁倍率
（昭和 56 年建設省告示第 1100 號）

構造的單面釘有下列板料者	釘法	倍率
·厚度5mm以上的結構用合板 （若為外牆，厚度則為7.5mm以上） ·厚度12mm以上的碎料板 ·結構用合板（panel）	使用N50釘，間隔為15cm以下	2.5
·厚度5mm以上的硬質纖維板 ·厚度12mm以上的硬質木片水泥板		2.0
·厚度6mm以上的石棉水泥（flexible）板 ·厚度12mm以上的石棉珠岩板 ·厚度8mm以上的石棉石棉矽酸鈣板 ·厚度12mm以上的碳酸鎂板	使用GNF40或GNC40釘，間隔為15cm以下	2.0
·厚度8mm以上的紙漿水泥板		1.5
·厚度12mm以上的石膏板（僅屋內）		1.0
·厚度12mm以上的隔熱板（sheathing insulation board）	使用GN40釘，在外周採15cm以下的間隔，其他處則採20cm以下的間隔	1.0
·厚度0.4mm以上的角形鍍鋅鋼浪板、厚度0.6mm以上由金屬網組成的網片（lath sheet）	使用GN38釘，間隔為15cm以下	1.0

＊〔註〕除此之外，若釘的是鋪牆底的木材（橫木等）時，使用的是告示的附表表2記載的倍率。上表所列指的將該些材料直接釘在柱子·間柱及梁·桁架·地檻時的情形。

[例]

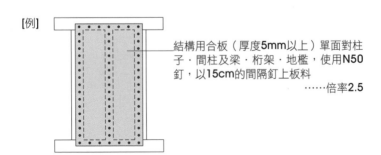

結構用合板（厚度5mm以上）單面對柱子·間柱及梁·桁架·地檻，使用N50釘，以15cm的間隔釘上板料

……倍率2.5

6.11

牆壁配置的1/4規則
（平衡的配置）

以下說明使牆壁達到良好平衡配置的規則（1/4規則）（平成12年建設省告示第1352號）。

（1）每個樓層，梁間方向方面是從桁架方向的兩端往內**1/4之部分**，桁架方向方面是從梁間方向的兩端往內**1/4之部分**（皆稱為「**側端部分**」）。如下圖。

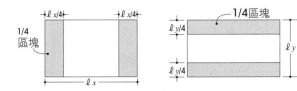

（2）求存在於上述1/4區塊內的實際壁量（**存在壁量**）與**必要壁量**（1/4區塊的面積×單位壁量）。

（3）求各個1/4區塊的壁量充足率。此壁量充足率指的是[**存在壁量／必要壁量**]。

（4）接著再求壁率比，計算式如下。

壁率比＝壁量充足率較小之一方／壁量充足率較大之一方

（5）確認**壁率比**分別都有**0.5以上**。若此值未滿0.5，代表牆壁的配置平衡不佳，需要變更牆壁的配置（牆壁不足增加牆壁。若牆壁過多導致平衡不佳，也可能需減少牆壁）。

＊〔註〕當壁量充足率都超過1時，亦可不進行壁率比的計算。此外，當梁間方向・桁架方向以偏心率的計算方法確認了其值皆為0.3以下時，則不適用此規則，

6.12

實際檢查壁量

請檢查下圖建築物的壁量。

（地板面積為7.28m×12.74m＝92.74m²，瓦片屋頂）

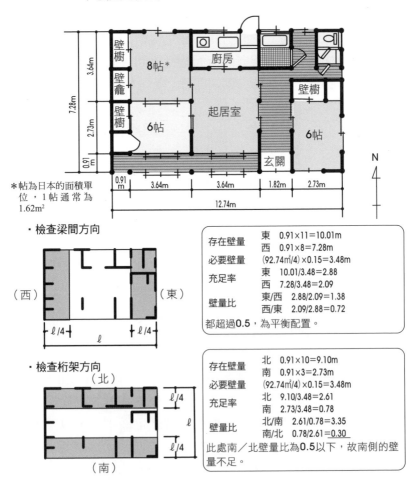

＊帖為日本的面積單位，1帖通常為1.62m²

· 檢查梁間方向

（西）　（東）

存在壁量	東	0.91×11＝10.01m
	西	0.91×8＝7.28m
必要壁量		(92.74m²/4)×0.15＝3.48m
充足率	東	10.01/3.48＝2.88
	西	7.28/3.48＝2.09
壁量比	東/西	2.88/2.09＝1.38
	西/東	2.09/2.88＝0.72

都超過0.5，為平衡配置。

· 檢查桁架方向

（北）

（南）

存在壁量	北	0.91×10＝9.10m
	南	0.91×3＝2.73m
必要壁量		(92.74m²/4)×0.15＝3.48m
充足率	北	9.10/3.48＝2.61
	南	2.73/3.48＝0.78
壁量比	北/南	2.61/0.78＝3.35
	南/北	0.78/2.61＝<u>0.30</u>

此處南／北壁量比為0.5以下，故南側的壁量不足。

＊〔註〕存在壁量的計算是假設柱間隔為基本間隔91cm。

6.13

柱頭、柱腳、斜撐端部的橫向接合

　　學到這裡，藉由壁量設計，我們已能夠平衡地配置具有適當壁倍率的構造，讓建築物得以承受地震力和風壓力的水平力。然而，這並非如此就結束了。

　　另外，對於加入斜撐的軸組和牆壁的柱子，我們還必須仔細地檢查其端部（柱頭、柱腳）的橫向接合結構，及斜撐端部的橫向接合等結構。

　　傳統的榫接等橫向接合，在水平力發生時，橫向接合部位會如同樞接般變形搖晃，但這種變形在壁倍率高的牆壁上並不易產生。這麼一來，造成若水平力施加在如此高剛性的牆壁上，就會產生端部浮起的固鎖（locking）現象。

　　過去曾認為建築物的柱子會支承來自屋頂等處荷重，所以按理並不會出現上述的浮起情形，但實驗結果卻證實了的確會有浮起的狀況發生，因此必須設計成不受浮起現象所影響的安全結構。接合的具體樣式，如下頁內容所示（引用自平成12年建設省告示第1460號）。

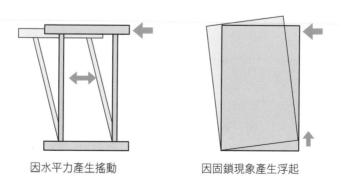

因水平力產生搖動　　　　　　因固鎖現象產生浮起

6.14

牆壁・加入有斜撐的構造
柱頭・柱腳的橫向接合（1）

（引用自平成12年建設省告示第1460號・表1）

[1層樓部分或最上層]

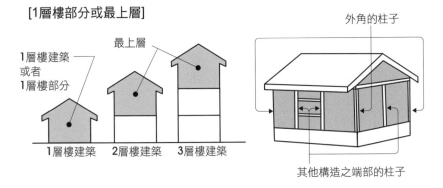

外角的柱子

1層樓建築
或者
1層樓部分

最上層

1層樓建築　2層樓建築　3層樓建築

其他構造之端部的柱子

（＊下表中柱子的規格「A」～「J」，在第202～211頁有具體解說）

構造種類			外角的柱子	其他構造之端部的柱子
加入斜撐	・厚度1.5cm以上×寬度9cm以上的木造斜撐 ・直徑9mm以上的鋼筋斜撐	單側	B	A
		交叉	D	B
	厚度3cm以上×寬度9cm以上的木造斜撐	單側	D（B）	B（A）
		交叉	G	C
	厚度4.5cm以上×寬度9cm以上的木造斜撐	單側	E（C）	B
		交叉	G	D
牆壁	在柱子・間柱的單面或兩面釘有木板條的牆壁		A	A
	依昭和56年告示第1100號認定為具有同等以上耐力的牆壁		E	B

＊〔註〕上表中的（）代表柱子斜撐下部固定時之柱子，所採用的規格。

6.15

牆壁‧加入有斜撐的構造
柱頭‧柱腳的橫向接合（2）

（引用自平成12年建設省告示第1460號‧表2）

[1層樓部分‧最上層以外的樓層]

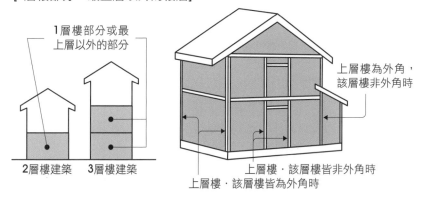

1層樓部分或最上層以外的部分

2層樓建築　3層樓建築

上層樓為外角，該層樓非外角時

上層樓‧該層樓皆非外角時

上層樓‧該層樓皆為外角時

（＊下表中的柱子的規格「A」～「J」，在第202～211頁有具體解說）

構造的種類			上層樓‧該層樓的柱皆為外角時	上層樓的柱為外角，該層樓的柱非外角時	上層樓及該層樓的柱皆非外角時
加入斜撐	·厚度1.5cm以上×寬度9cm以上的木造斜撐 ·直徑9mm以上的綱筋斜撐	單側	B	A	A
		交叉	G	C	B
	厚度3cm以上×寬度9cm以上的木造斜撐	單側	D	B	A
		交叉	I	G	D
	厚度4.5cm以上×寬度9cm以上的木造斜撐	單側	G	C	B
		交叉	J	H	G
牆壁	在柱子‧間柱的單面或兩面釘有木板條的牆壁		A	A	A
	依昭和56年告示第1100號認定為具有同等以上耐力的牆壁		H	F	C

6.16

縱向接合・橫向接合的樣式…A

（1）短榫頭榫接
（2）釘入螞蝗釘
（3）與上述類似的接合方法

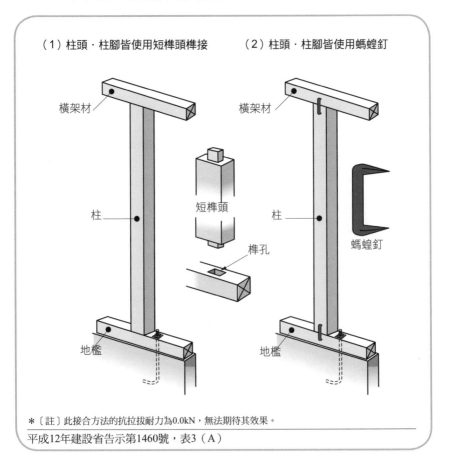

（1）柱頭・柱腳皆使用短榫頭榫接　（2）柱頭・柱腳皆使用螞蝗釘

橫架材

柱

短榫頭

榫孔

地檻

橫架材

柱

螞蝗釘

地檻

＊〔註〕此接合方法的抗拉拔耐力為0.0kN，無法期待其效果。

平成12年建設省告示第1460號，表3（A）

6.17

縱向接合 · 橫向接合的樣式…B

（1）長榫頭榫接 · 打進木栓

（2）使用厚度2.3mm的L型補強鋼板

　　　對柱垂直釘入5根粗圓鐵釘（長6.5cm）

　　　對橫架材垂直釘入5根粗圓鐵釘（長6.5cm）

（3）與上述類似的接合方法

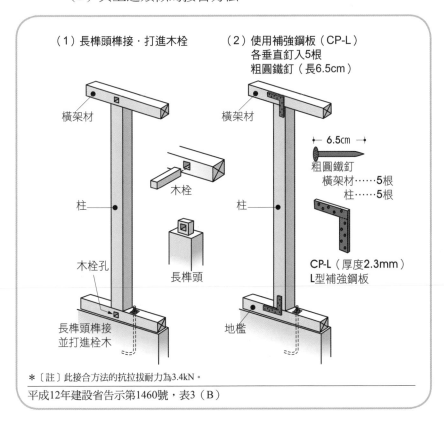

（1）長榫頭榫接 · 打進木栓 　　（2）使用補強鋼板（CP-L）
各垂直釘入5根
粗圓鐵釘（長6.5cm）

橫架材

木栓

柱

木栓孔

長榫頭

長榫頭榫接
並打進栓木

橫架材

柱

地檻

← 6.5cm →

粗圓鐵釘
橫架材……5根
柱……5根

CP-L（厚度2.3mm）
L型補強鋼板

＊〔註〕此接合方法的抗拉拔耐力為3.4kN。

平成12年建設省告示第1460號，表3（B）

6.18

縱向接合・橫向接合的樣式…C

（1）使用厚度2.3mm的T型補強鋼板
　　　對柱垂直釘入5根粗圓鐵釘（長6.5cm）
　　　對橫架材垂直釘入5根粗圓鐵釘（長6.5cm）
（2）使用厚度2.3mm的V型補強鋼板
　　　對柱垂直釘入4根粗圓鐵釘（長9cm）
　　　對橫架材垂直釘入4根粗圓鐵釘（長9cm）
（3）和上列同等以上的接合方法

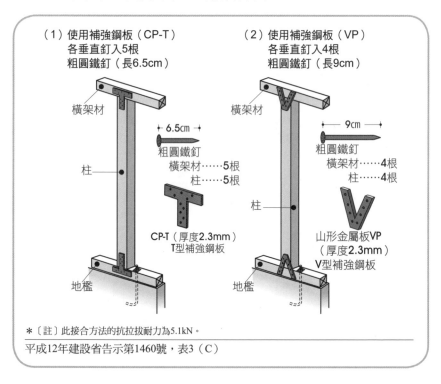

（1）使用補強鋼板（CP-T）
　　　各垂直釘入5根
　　　粗圓鐵釘（長6.5cm）

橫架材

← 6.5cm →

粗圓鐵釘
橫架材……5根
柱……5根

柱

CP-T（厚度2.3mm）
T型補強鋼板

地檻

（2）使用補強鋼板（VP）
　　　各垂直釘入4根
　　　粗圓鐵釘（長9cm）

橫架材

← 9cm →

粗圓鐵釘
橫架材……4根
柱……4根

柱

山形金屬板VP
（厚度2.3mm）
V型補強鋼板

地檻

＊〔註〕此接合方法的抗拉拔耐力為5.1kN。

平成12年建設省告示第1460號，表3（C）

6.19

縱向接合・橫向接合的樣式⋯D

（1）使用在厚度3.2mm的補強鋼板焊接直徑12mm的螺栓而成的魚尾板螺栓
　　　對柱子鎖入直徑12mm的螺栓
　　　對橫架材墊上厚度4.5mm、大小為40mm平方的方形墊片以螺帽鎖緊
（2）使用厚度3.2mm的補強鋼板
　　　對上下樓層的連續柱各鎖入直徑12mm的螺栓
（3）和上列同等以上的接合方法

（1）鎖入魚尾板螺栓（直徑12mm、厚度3.2mm）
　　　使用40mm×40mm（厚度4.5mm）的墊片

螺帽
墊片
直徑12mm
橫架材
柱
魚尾板螺栓
直徑12mm的螺栓

（2）補強鋼板（厚度3.2mm）
　　　鎖入直徑12mm的螺栓

柱（上段）
橫架材
柱（下段）
直徑12mm的螺栓
厚度3.2mm
補強鋼板

＊〔註〕此接合方法的抗拉拔耐力為7.5kN。

平成12年建設省告示第1460號，表3（D）

6.20

縱向接合・橫向接合的樣式…E

（1）使用厚度3.2mm的補強鋼板焊接直徑12mm的螺栓而成
　　　的魚尾板螺栓
　　　對柱子鎖入直徑12mm的螺栓及鎖入長度50mm、直徑
　　　4.5mm的螺釘
　　　對橫架材墊上厚度4.5mm、大小為40mm平方的方形墊
　　　片以螺帽鎖緊

（2）使用厚度3.2mm的補強鋼板
　　　對上下樓層的連續柱各鎖入直徑12mm的螺栓及鎖入長
　　　度50mm、直徑4.5mm的螺釘

（3）和上列同等以上的接合方法

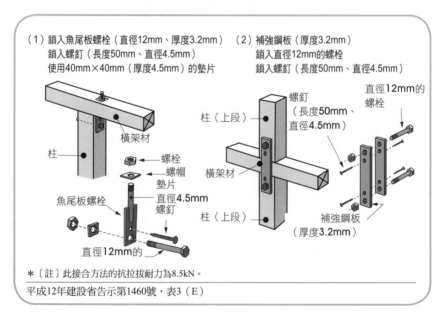

（1）鎖入魚尾板螺栓（直徑12mm、厚度3.2mm）　（2）補強鋼板（厚度3.2mm）
　　　鎖入螺釘（長度50mm、直徑4.5mm）　　　　鎖入直徑12mm的螺栓
　　　使用40mm×40mm（厚度4.5mm）的墊片　　鎖入螺釘（長度50mm、直徑4.5mm）

橫架材

柱

螺栓
螺帽
墊片

魚尾板螺栓

直徑4.5mm
螺釘

直徑12mm的

螺釘
（長度50mm、
直徑4.5mm）

柱（上段）

橫架材

柱（上段）

直徑12mm的
螺栓

補強鋼板
（厚度3.2mm）

＊〔註〕此接合方法的抗拉拔耐力為8.5kN。

平成12年建設省告示第1460號，表3（E）

6.21

縱向接合・橫向接合的樣式⋯F

（1）使用厚度3.2mm的補強鋼板

對柱子鎖入2根直徑12mm的螺栓

對橫架材・連續基礎・上下樓層的連續柱以鎖固於該
補強鋼板的直徑16mm的螺栓連結

（2）和上列同等以上的接合方法

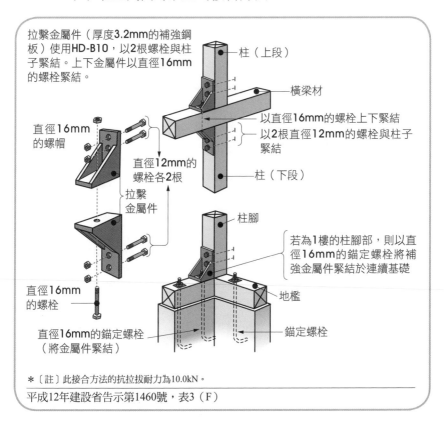

拉繫金屬件（厚度3.2mm的補強鋼
板）使用HD-B10，以2根螺栓與柱
子緊結。上下金屬件以直徑16mm
的螺栓緊結。

柱（上段）

橫梁材

以直徑16mm的螺栓上下緊結

以2根直徑12mm的螺栓與柱子
緊結

直徑16mm
的螺帽

直徑12mm的
螺栓各1根

拉繫
金屬件

柱（下段）

柱腳

若為1樓的柱腳部，則以直
徑16mm的錨定螺栓將補
強金屬件緊結於連續基礎

地檻

直徑16mm
的螺栓

直徑16mm的錨定螺栓
（將金屬件緊結）

錨定螺栓

＊〔註〕此接合方法的抗拉拔耐力為10.0kN。

平成12年建設省告示第1460號，表3（F）

6.22

縱向接合・橫向接合的樣式⋯G

（1）使用厚度3.2mm的補強鋼板

對柱子鎖入3根直徑12mm的螺栓

對橫架材・連續基礎・上下樓層的連續柱以鎖固於該
補強鋼板的直徑16mm的螺栓緊結

（2）和上列同等以上的接合方法

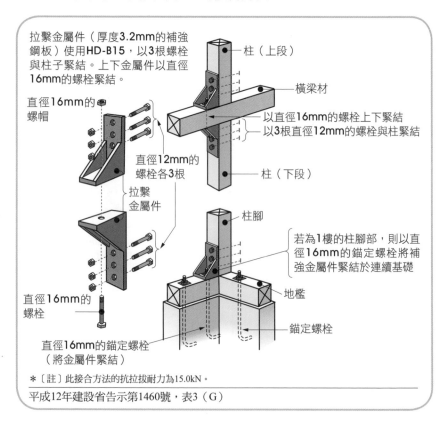

拉繫金屬件（厚度3.2mm的補強
鋼板）使用HD-B15，以3根螺栓
與柱子緊結。上下金屬件以直徑
16mm的螺栓緊結。

直徑16mm的
螺帽

直徑12mm的
螺栓各3根

拉繫
金屬件

直徑16mm的
螺栓

直徑16mm的錨定螺栓
（將金屬件緊結）

柱（上段）

橫梁材

以直徑16mm的螺栓上下緊結

以3根直徑12mm的螺栓與柱緊結

柱（下段）

柱腳

若為1樓的柱腳部，則以直
徑16mm的錨定螺栓將補
強金屬件緊結於連續基礎

地檻

錨定螺栓

＊〔註〕此接合方法的抗拉拔耐力為15.0kN。

平成12年建設省告示第1460號，表3（G）

6.23

縱向接合・橫向接合的樣式…H

（1）使用厚度3.2mm的補強鋼板
　　　對柱子鎖入4根直徑12mm的螺栓
　　　對橫架材・連續基礎・上下樓層的連續柱以鎖固於該
　　　補強鋼板的直徑16mm的螺栓緊結
（2）和上列同等以上的接合方法

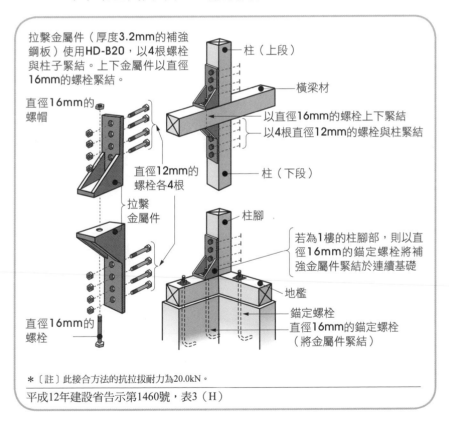

拉繫金屬件（厚度3.2mm的補強鋼板）使用HD-B20，以4根螺栓與柱子緊結。上下金屬件以直徑16mm的螺栓緊結。

直徑16mm的螺帽

直徑12mm的螺栓各4根

拉繫金屬件

直徑16mm的螺栓

柱（上段）

橫梁材

以直徑16mm的螺栓上下緊結
以4根直徑12mm的螺栓與柱緊結

柱（下段）

柱腳

若為1樓的柱腳部，則以直徑16mm的錨定螺栓將補強金屬件緊結於連續基礎

地檻

錨定螺栓
直徑16mm的錨定螺栓
（將金屬件緊結）

＊〔註〕此接合方法的抗拉拔耐力為20.0kN。

平成12年建設省告示第1460號，表3（H）

6.24

縱向接合‧橫向接合的樣式…I

（1）使用厚度3.2mm的補強鋼板
　　　對柱子鎖入5根直徑12mm的螺栓
　　　對橫架材‧連續基礎‧上下樓層的連續柱以鎖固於該
　　　補強鋼板的直徑16mm的螺栓緊結
（2）和上列同等以上的接合方法

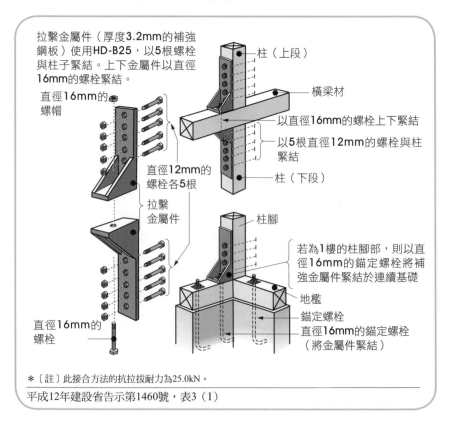

拉繫金屬件（厚度3.2mm的補強鋼板）使用HD-B25，以5根螺栓與柱子緊結。上下金屬件以直徑16mm的螺栓緊結。

直徑16mm的螺帽

直徑12mm的螺栓各5根

拉繫金屬件

直徑16mm的螺栓

柱（上段）

橫梁材

以直徑16mm的螺栓上下緊結

以5根直徑12mm的螺栓與柱緊結

柱（下段）

柱腳

若為1樓的柱腳部，則以直徑16mm的錨定螺栓將補強金屬件緊結於連續基礎

地檻

錨定螺栓

直徑16mm的錨定螺栓（將金屬件緊結）

*〔註〕此接合方法的抗拉拔耐力為25.0kN。

平成12年建設省告示第1460號，表3（I）

6.25

縱向接合・橫向接合的樣式…J

（1）使用兩組縱向接合・橫向接合的樣式…G（參照第208
　　　頁）的橫向接合。
（2）和上列同等以上的接合方法

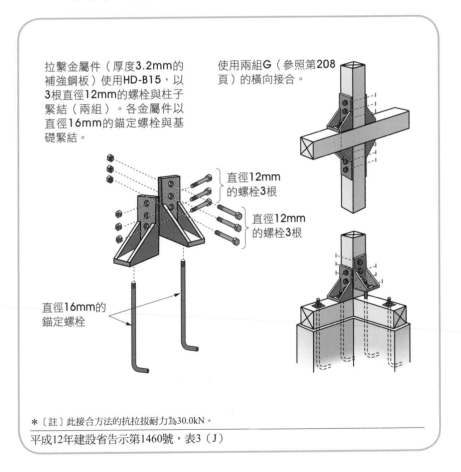

拉繫金屬件（厚度3.2mm的
補強鋼板）使用HD-B15，以
3根直徑12mm的螺栓與柱子
緊結（兩組）。各金屬件以
直徑16mm的錨定螺栓與基
礎緊結。

使用兩組G（參照第208
頁）的橫向接合。

直徑12mm
的螺栓3根

直徑12mm
的螺栓3根

直徑16mm的
錨定螺栓

＊〔註〕此接合方法的抗拉拔耐力為30.0kN。

平成12年建設省告示第1460號，表3（J）

6.26

斜撐端部的橫向接合⋯A

（＊除了有6.16節～6.25節的縱向接合、橫向接合的樣式之外，斜撐端部的橫向接合則參照6.26節～6.30節）

[使用直徑9mm以上之鋼筋的斜撐]

（1）墊上三角墊塊鎖緊將柱子或橫架材貫通的鋼筋

（2）在鎖固於該鋼筋的補強鋼板，對柱子及橫架材釘入8根粗圓鐵釘（長度9cm）

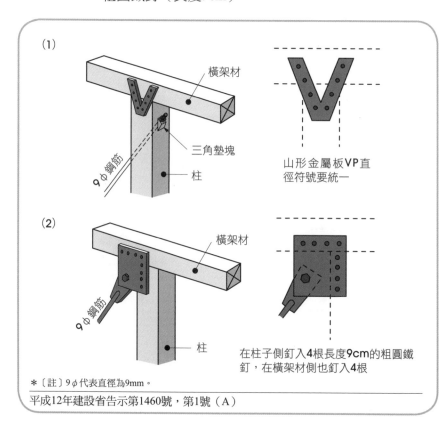

(1)

横架材

三角墊塊

9φ鋼筋

柱

山形金屬板VP直徑符號要統一

(2)

横架材

9φ鋼筋

柱

在柱子側釘入4根長度9cm的粗圓鐵釘，在橫架材側也釘入4根

＊〔註〕9φ代表直徑為9mm。

平成12年建設省告示第1460號，第1號（A）

6.27

斜撐端部的橫向接合…B

[使用厚度1.5cm以上×寬度9cm以上之木材的斜撐]

· 搭接於柱子及橫架材上挖出來的缺口，並分別對柱子及橫架材垂直釘入5根鐵圓釘（長度6.5cm）

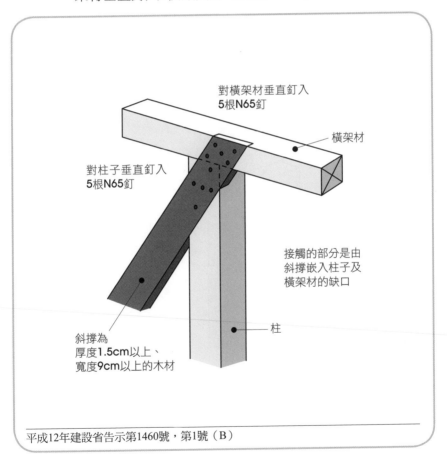

對橫架材垂直釘入
5根N65釘

橫架材

對柱子垂直釘入
5根N65釘

接觸的部分是由
斜撐嵌入柱子及
橫架材的缺口

柱

斜撐為
厚度1.5cm以上、
寬度9cm以上的木材

平成12年建設省告示第1460號，第1號（B）

6.28

斜撐端部的橫向接合…C

[使用厚度3cm以上×寬度9cm以上之木材的斜撐]
- ・使用厚度1.6mm的補強鋼板
- ・對斜撐以直徑12mm的螺栓鎖緊。並垂直釘入3根粗鐵圓鐵釘（長度6.5cm）
- ・對柱子垂直釘入3根粗圓釘（長度6.5cm）
- ・對橫架材垂直釘入4根粗圓釘（長度6.5cm）

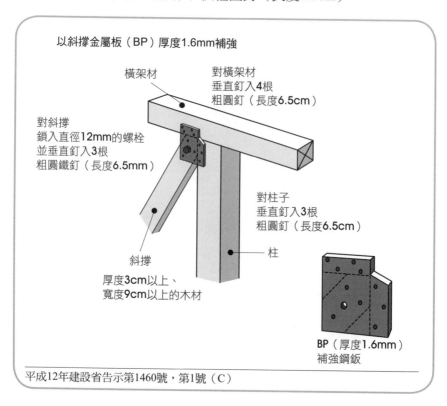

以斜撐金屬板（BP）厚度1.6mm補強

橫架材

對橫架材
垂直釘入4根
粗圓釘（長度6.5cm）

對斜撐
鎖入直徑12mm的螺栓
並垂直釘入3根
粗圓鐵釘（長度6.5mm）

對柱子
垂直釘入3根
粗圓釘（長度6.5cm）

斜撐

柱

厚度3cm以上、
寬度9cm以上的木材

BP（厚度1.6mm）
補強鋼鈑

平成12年建設省告示第1460號，第1號（C）

6.29

端部的橫向接合…D

[使用厚度4.5cm以上×寬度9cm以上之木材的斜撐]
- 使用厚度2.3mm以上的補強鋼板
- 對斜撐以直徑12mm的螺栓鎖緊。並垂直鎖入7根長度50mm、直徑4.5mm的螺釘
- 對柱子垂直鎖入5根長度50mm、直徑4.5mm的螺釘
- 對橫架材垂直鎖入5根長度50mm、直徑4.5mm的螺釘

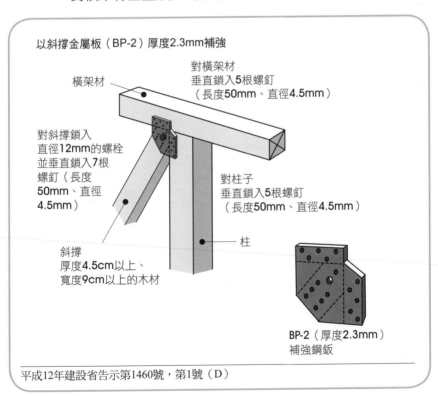

以斜撐金屬板（BP-2）厚度2.3mm補強

對橫架材
垂直鎖入5根螺釘
（長度50mm、直徑4.5mm）

橫架材

對斜撐鎖入
直徑12mm的螺栓
並垂直鎖入7根
螺釘（長度
50mm、直徑
4.5mm）

對柱子
垂直鎖入5根螺釘
（長度50mm、直徑4.5mm）

斜撐
厚度4.5cm以上、
寬度9cm以上的木材

柱

BP-2（厚度2.3mm）
補強鋼鈑

平成12年建設省告示第1460號，第1號（D）

6.30

斜撐端部的橫向接合…E

[使用厚度9cm以上×寬度9cm以上之木材的斜撐]
・在柱子或橫架材使用直徑12mm螺栓，形成單剪接合斜撐

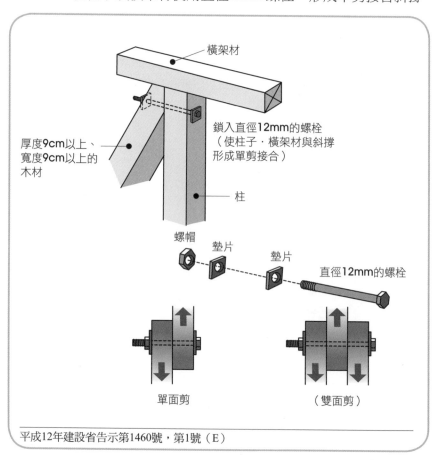

橫架材

鎖入直徑12mm的螺栓
（使柱子・橫架材與斜撐
形成單剪接合）

厚度9cm以上、
寬度9cm以上的
木材

柱

螺帽

墊片

墊片

直徑12mm的螺栓

單面剪

（雙面剪）

平成12年建設省告示第1460號，第1號（E）

▶以「壁量計算」檢查耐震性‧耐風性（part6）

建築基準法第20條（結構耐力）中賦予我們有義務按照建築物的結構（木造‧鋼骨造‧鋼筋混凝土造等）和規模（高度、樓層數、總樓地板面積等），經由**一定的結構計算**，確認其安全性。只有小型建築物只要符合一定的技術基準即可，能免除對其進行結構計算的義務。

所謂的**小型建築物**，指的是如下述者（建築建基準法第20條第4號、第6條第4號）。

‧為**木造以外**的一層樓建築物且總面積在200m² 以下者（石造、磚造等則高度需在13m以下且屋簷高度在9m以下）

‧若為**木造建築物**，樓層數為2層以下且總樓地板面積在500m² 以下、高度13m以下、屋簷高度在9m以下者

這些小型建築物雖然不用進行結構計算，但仍適用建築基準法施行令第3章中有關結構強度的規定。尤其針對木造建築物，該施行令第46條（結構耐力上必要的構造等）的規定甚為重要。此規定亦被認為是**壁量計算**或**壁量設計**的規定，其規定了用來確保小型木造建築物耐震性‧耐風性的建築措施。亦即為了提升小型建築物的水平耐力（**耐震性‧耐風性**），利用牆壁的結構來評估水平耐力，並利用牆壁之配置來判定建築物的水平耐力。

只要使用這方法檢查建築物的耐震性‧耐風性（水平耐力），就算不依賴以複雜耐震理論為基礎的結構計算也能夠進行結構設計。

索　引

國家圖書館出版品預行編目（CIP）資料

看圖讀懂結構力學/高木任之作；陳銘博譯.
-- 初版. -- 新北市：世茂出版有限公司, 2022.03
面；　公分. --（科學視界；267）
ISBN 978-986-5408-80-0（平裝）

1. 結構力學

440.15　　　　　　　　　　110021663

科學視界 267

看圖讀懂結構力學

作　　者／高木任之
譯　　者／陳銘博
主　　編／楊鈺儀
責任編輯／陳文君
封面設計／林芷伊
出 版 者／世茂出版有限公司
地　　址／（231）新北市新店區民生路 19 號 5 樓
電　　話／（02）2218-3277
傳　　真／（02）2218-3239（訂書專線）
劃撥帳號／ 19911841
戶　　名／世茂出版有限公司　單次郵購總金額未滿 500 元（含），請加 80 元掛號費
酷 書 網／ www.coolbooks.com.tw
排版製版／辰皓國際出版製作有限公司
印　　刷／傳興彩色印刷有限公司
初版一刷／ 2022 年 3 月
　 二刷／ 2023 年 10 月

ＩＳＢＮ／ 978-986-5408-80-0
定　　價／ 350 元

ZUKAI ICHIBAN YASASHII KOZO RIKIGAKU
© TADAYUKI TAKAGI 2010
Originally published in Japan in 2010 by Nippon Jitsugyo Publishing Co., Ltd.
Traditional Chinese translation rights arranged with Nippon Jitsugyo Publishing Co., Ltd.
through AMANN CO., LTD.